浙江省高职院校"十四五"重点立项建设教材

高等职业本科教育"十五五"系列教材

U0661168

机器视觉技术及应用

主　编　虞佳佳　顾　月　王　莉

副主编　王耀军　梁斯佳　李　奎

参　编　刘哲纬　吕　俊　周　洋

　　　　王娅雯　林　登

主　审　陈　罡

特配电子资源

- 视频动画
- 配套资料
- 拓展阅读

南京大学出版社

图书在版编目(CIP)数据

机器视觉技术及应用 / 虞佳佳，顾月，王莉主编.
南京：南京大学出版社，2025. 8. — ISBN 978 - 7 - 305
- 29435 - 8

Ⅰ. TP302.7

中国国家版本馆 CIP 数据核字第 20250P4Q48 号

出版发行　南京大学出版社
社　　址　南京市汉口路 22 号　　　　邮　编　210093
书　　名　机器视觉技术及应用
　　　　　JIQI SHIJUE JISHU JI YINGYONG
主　　编　虞佳佳　顾 月　王　莉
责任编辑　吕家慧　　　　　　　编辑热线　025 - 83592146
照　　排　南京南琳图文制作有限公司
印　　刷　南京鸿图印务有限公司
开　　本　787 mm×1092 mm　1/16　印张 8.25　字数 196 千
版　　次　2025 年 8 月第 1 版　2025 年 8 月第 1 次印刷
ISBN 978 - 7 - 305 - 29435 - 8
定　　价　38.00 元

网址：http://www.njupco.com
官方微博：http://weibo.com/njupco
微信服务号：NJUYUNSHU
销售咨询热线：(025) 83594756

前　言

随着工业 4.0 时代的到来,机器视觉技术作为人工智能的重要分支,在智能制造、智慧物流、智慧城市等领域发挥着越来越重要的作用。目前大量的书籍介绍了图像处理及机器视觉的相关知识,而结合实际应用案例介绍机器视觉以及应用的高校教材还不是很多。为适应产业发展需求,培养高素质技术技能人才,浙江机电职业技术大学联合杭州海康机器人股份有限公司,共同编写了这本《机器视觉技术及应用》。

本书紧密结合产业发展趋势和企业实际需求,以项目为导向,以任务为驱动,重点介绍了机器视觉的构成、机器视觉技术在实际生产中的应用案例和案例实施过程,突出职教特色和立德树人内涵。本书涵盖以下内容:

（1）机器视觉的基本概念、机器视觉的起源与发展、行业政策、机器视觉产业链和人才需求、机器视觉的应用。

（2）详细介绍了机器视觉系统中相机、镜头、光源及接口等硬件组成部分。

（3）以项目案例为载体,重点介绍了机器视觉开发软件 Vision Master 在识别、测量、定位、检测、图像处理、脚本编写、深度学习的任务实施过程。

　　本书在编写过程中得到了杭州海康机器人股份有限公司提供的技术支持和案例资源,使得本书的内容具备较高的实用性,有利于落实产教融合,培养学生理论联系实际的实践精神和创新意识。

　　本书是编者在多年从事自动检测、机器视觉、智能制造等教学和工作的基础上编写而成的,是浙江省高职院校"十四五"第二批重点教材建设项目。本书由浙江机电职业技术大学虞佳佳、顾月,杭州海康机器人股份有限公司王莉担任主编;浙江机电职业技术大学王耀军、梁斯佳,杭州海康机器人股份有限公司李奎担任副主编。本书在案例验证过程中受到邓玉龙、童怡楷、王浩三位同学的大力配合。同时,编者在编写过程中参阅了大量的著作、文献和网络资料,在此对相关作者表示衷心的感谢。

　　机器视觉技术应用型教材建设目前还处于探索阶段,由于编者水平有限,且技术不断发展,书中难免存在疏漏和不足之处,敬请广大读者和专家批评指正。

编　者

2025 年 8 月

目　录

绪　论

0.1　机器视觉概念

根据美国制造工程师协会机器视觉分会与美国机器人工业协会的定义:机器视觉是基于软件与硬件的组合,通过光学装置和非接触式的传感器自动地接收一个真实物体的图像,并利用软件算法处理图像以获得所需信息或用于控制机器人运动的装置。

机器视觉可以赋予机器人及自动化设备获取外界信息并认知处理的能力。机器视觉系统包含光学成像系统,可以作为自动化设备的视觉器官实现信息的输入,并借助视觉控制器代替人脑实现信息的处理与输出,从而实现赋予自动化设备"看"与"处理"的能力,替代人眼完成生产制造中的识别、测量、定位以及检测等工作。

随着我国产业智能化升级的不断深入,机器视觉技术也广泛地应用于工业、农业、医疗、教育、军事、交通运输、安防等各个行业中,机器视觉也成为推动我国建设现代化强国、实现产业智能化升级的重要技术之一。

0.2　机器视觉的起源与发展

自起步发展至今,机器视觉已经有 70 多年的历史,其功能以及应用范围随着工业自动化的发展逐渐完善和扩大。20 世纪 50 年代,Gilbson 提出了光流理论,并基于该理论开发了逐像素计算光流的数学模型;20 世纪 60 年代,Lawrence G. Roberts 首次提出机器视觉的概念,同时,Roberts 提出从 2D 视图中提取 3D 信息的可能性,开始进行三维机器视觉的研究;20 世纪 70 年代,David Marr 首次提出完整的视觉理论,麻省理工学院人工智能实验室正式开设"机器视觉"课程,研究人员开始研究边缘检测和分割技术。1978 年,David Marr 创建了一种通过计算机视觉进行场景理解的方法,这种方法从 2D 草图开始,计算机可在 2D 草图的基础上构建以获得最终的 3D 图像。

20 世纪 80 年代至 21 世纪初,机器视觉行业进入高速发展期,基恩士、康耐视、欧姆龙、DALSA 等视觉公司相继成立,这一阶段涌现了大量新技术、新理论,并开发了适用于实验室和部分工业场景的第一代图像处理产品和简易的图像处理软件库,机器视觉开始走向市场化。在这一时期,光学字符识别(optical character recognition,OCR)系统开始用于各种工业应用,用于读取和验证字母、符号和数字。21世纪至今,机器视觉行业仍处于高速发展的阶段,并在逐渐走向成熟的同时朝多元化发展。目前,机器视觉仍然是一个非常活跃的研究领域,与之相关的学科涉及:图像处理、计算机图形学、模式识别、人工智能、人工神经元网络等。

0.3　中国机器视觉行业发展史

20世纪80年代至90年代中期,定义为中国机器视觉行业的初级阶段,是从引入机器视觉技术(主要应用于半导体和电子行业)到大学和研究所研发(研究图像处理和模式识别)的阶段。20世纪90年代后期,即1998—1999年,定义为机器视觉行业的市场期。自从1998年,越来越多的电子和半导体工厂,包括香港和台湾投资的工厂,落户广东和上海,这时,配套机器视觉技术的整套生产线和高级设备被引入;在此阶段,许多著名视觉设备供应商,开始接触中国市场并寻求本地合作伙伴,但几乎没有符合要求的本地合作商。21世纪初期至10年代中期,即2000—2015年,定义为机器视觉行业的萌芽期,奥普特(OPT)、大恒图像等上中下游产业链企业逐步增加并完善,机器视觉行业规模呈持续增长趋势。21世纪10年代后期至今,即2016年至今,定义为机器视觉行业的快速成长期,机器视觉行业规模随着中国制造和工业机器人市场的增长而得到快速发展。同时,国内机器视觉方向的创业公司数量快速增长,3D视觉亦开始被关注并进入快速发展期。

0.4　行业政策

机器视觉作为助力智能制造的核心技术之一,受到国家高度关注与支持。为推动机器视觉产业技术创新、应用落地,国家与地方政府在近年来已推出多项行业利好政策,为智能制造发展保驾护航(表0-1)。

表0-1　中国主要机器视觉相关国家政策汇总

2023年2月	《智能检测装备产业发展行动计划(2023—2025年)》	到2025年,智能检测技术基本满足用户领域制造工艺需求,核心零部件、专用软件和整机装备供给能力显著提升,重点领域智能检测装备示范带动和规模应用成效明显,产业生态初步形成,基本满足智能制造发展需求。
2023年1月	《"机器人+"应用行动实施方案》	在商贸物流、教育、商业社区服务、安全应急和极限环境应用等场景中提出机器视觉行业技术与应用发展规划。
2022年8月	《关于加快场景创新以人工智能高水平应用促进经济高质量发展的指导意见》	鼓励在制造、农业、物流、金融、商务、家居等重点行业深入挖掘人工智能技术应用场景,促进智能经济高端高效发展。制造领域优先探索工业大脑、机器人协助制造、机器视觉工业检测、设备互联管理等智能场景。

（续表）

2022 年 1 月	《"十四五"数字经济发展规划》	推动农林牧渔业基础设施和生产装备智能化改造,推进机器视觉、机器学习等技术应用。建设可靠、灵活、安全的工业互联网基础设施,支撑制造资源的泛在连接、弹性供给和高效配置。
2021 年 12 月	《"十四五"机器人产业发展规划》	研制三维视觉传感器、六维力传感器和关节力矩传感器等力觉传感器、大视场单线和多线激光雷达、智能听觉传感器以及高精度编码器等产品,满足机器人智能化发展需求。
2021 年 12 月	《"十四五"数字经济发展规划》	高效布局人工智能基础设施,提升支撑"智能＋"发展的行业赋能能力。推动农林牧渔业基础设施和生产装备智能化改造,推进机器视觉、机器学习等技术应用。
2021 年 7 月	《5G 应用"扬帆"行动计 划 （2021—2023年)》	推动 5G 应用发展有利于加快人工智能、云计算、大数据区块链等高新技术融合赋能,不断催生出诸多新业务、新模式、新业态。例如,5G＋AI 机器视觉监测能够更广泛地用于高温、井下、移动等环境,进一步拓展了人工智能的应用空间。推动 5G 应用发展有利于加快传统产业转型升级。例如,提高采矿业生产环境监测的准确性。

0.5　机器视觉产业链及人才需求分析

　　机器视觉产业链成熟且复杂,其上游为核心软硬件,包含光源、工业镜头、视觉芯片、工业相机、图像采集卡、视觉控制器等核心硬件,以及软件算法、AI 平台等软件。中游为集成系统与智能视觉装备,如检测、测量、定位、识别系统以及定位引导系统和各类视觉设备;下游应用领域包括医疗、汽车、安防、半导体、食品包装及智慧交通等。机器视觉产业链如图 0-1 所示。

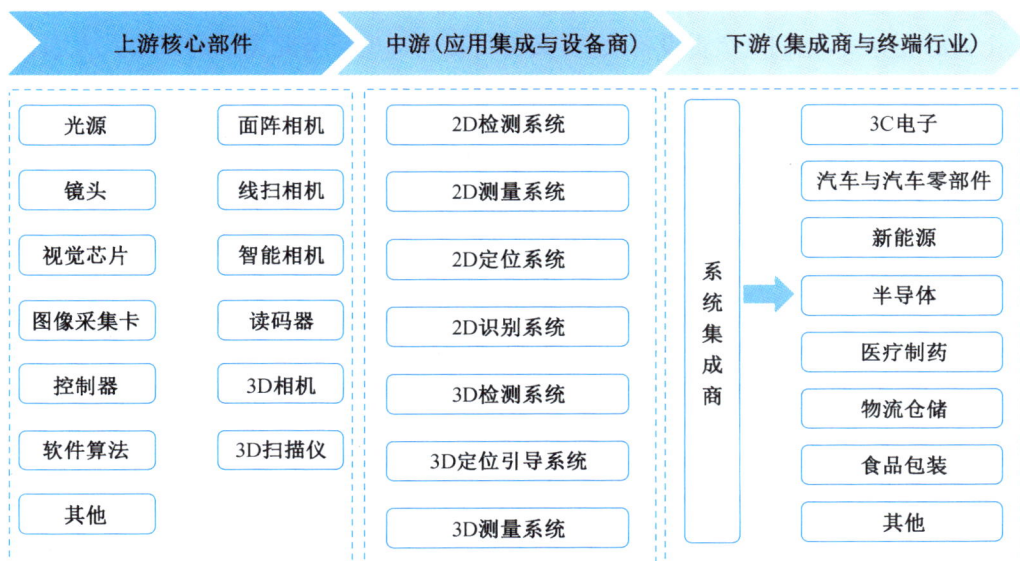

图 0-1　机器视觉技术产业链

各段对人才的需求存在差异。就上游而言,作为核心软硬件的供应商,各大厂商对软硬件的人才均有需求,如软件算法的研发人员、软件应用开发人员、现场应用工程师等。这类岗位根据工作职责异同,对学历和基础能力也有不同的要求,比如算法研究人员,通常需要研究生以上学历且对图形算法原理有足够的理解;而对软件应用开发人员的要求,则主要偏重语言、软件的应用以及对行业工艺的理解;现场应用工程师虽然对语言、编程能力要求略低,但是对硬件的使用和调试有一定要求。从人员配置和需求人数来讲,现场应用工程师需求远大于软件应用开发人员的需求,软件应用开发人员的需求大于软件算法研发人员的需求。除了软件,硬件方面也有很多人才需求,比如光源打光工程师、镜头测试工程师、技术支持工程师等。上述统称为产品端的人才需求,而营销端也有大量的人才需求。机器视觉行业不同于传统的消费品行业,普遍倾向招收有工科背景的人员作为营销端人才,以便深入了解行业客户痛点。销售端与产品技术端的人员配比整体保持在技术:销售=1.5:1左右(根据产品是偏重研发还是偏重市场,略有区别)。

中游主要以视觉集成商和设备商为主,各种产品经销商也归属于这个范畴。集成商有大量的应用开发和视觉现场应用的支持需求,如维普、天运达合、高视、华周,以及海康机器人这类企业均有视觉相关人才需求。除了集成商,设备商方面也有非常多的岗位需求,以3C激光类设备厂商为例,大族激光、利元亨、海目星、联赢、盛雄、杰普特等设备商均有视觉部门,部门主要负责激光焊接定位、焊后检测、激光打标定位等应用。除了视觉工程师,设备带有视觉技术的情况下,现场维护人员也需掌握可编程逻辑控制器(programmable logic controller,PLC)和视觉调试。

下游企业用人需求存在较大差异,根据用户自身的业务方向,会选择是否成立视觉部门。以比亚迪为例,他们专门有视觉ME部门,用于处理各大业务部的视觉需求,规模在70~100人左右;富士康也有专门的视觉项目部门,但是分布在各个大的业务线,他们既负责设备改造,又负责视觉选型。与此类似的,华为、大疆、迈瑞、格力、美的等知名制造业企业一般都会设置相关岗位。

0.6 机器视觉的应用

从功能上讲,机器视觉系统主要具有四大类功能:识别、测量、检测和引导。

1. 视觉识别

机器视觉识别技术是一种基于计算机视觉和人工智能的智能化检测方法,其核心功能主要包括以下几个方面:对象目标有无识别(可精准判断目标物体是否存在)、颜色识别(能够准确分辨不同色系及色差)、条码识别(包括一维码、二维码等各类码制的快速解码)以及字符识别(OCR技术,可实现印刷体、手写体等多种文字的高精度识别)。

该技术目前已广泛应用于工业自动化领域,典型的应用场景包括但不限于:

3C 电子产品的外观检测（如手机零部件组装）、新能源行业的质量控制（如锂电池极片缺陷检测）、汽车制造中的零部件识别、医药行业的包装检测以及物流行业的智能分拣等。如图 0-2 所示，这些应用场景充分展现了机器视觉技术在不同行业中的多元化应用价值。

图 0-2　机器视觉识别技术产业应用场景

2. 视觉测量

视觉测量是指利用机器视觉技术对物体的形状、尺寸、位置等进行测量的过程。视觉测量具有多种优势，包括图像信息直观丰富、测距精度高、稳定性高、成本效率高以及非接触式检测等。这些特点使得视觉测量系统能够在复杂多变的生产环境中提供稳定可靠的信息，同时降低传统人工检测方式的成本和误差。

视觉测量的典型应用场景涵盖产品外观检测、零件尺寸测量、加工精度验证、装配定位校准等工业自动化关键环节（图 0-3）。

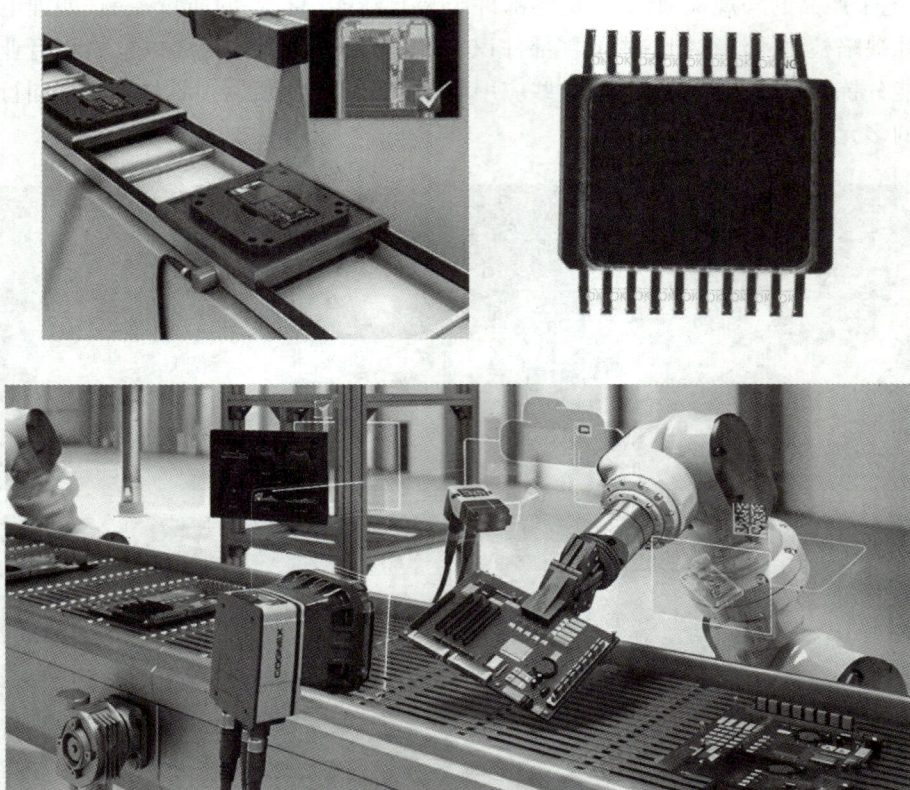

图 0 - 3　机器视觉测量技术产业应用场景

3. 视觉检测

　　视觉检测是指通过机器视觉技术对物体、产品或工件进行自动化检测的过程，它通过图像摄取装置将被检测目标转换成图像信号，并利用图像处理系统对信号进行分析处理，以实现对目标质量、形状、尺寸、颜色、表面缺陷、脏污等特征信息的抽取和识别。

　　视觉检测技术广泛应用于电子、汽车、食品、医药等多个行业。在电子行业，视觉检测用于检测电路板、连接器等元器件的尺寸、缺陷和颜色；在汽车行业，用于检测汽车零部件的尺寸、形状、表面缺陷等；在食品和医药行业，用于检测包装完整性、印刷质量和食品表面的缺陷。常见视觉检测技术产业应用场景如图 0 - 4 所示。

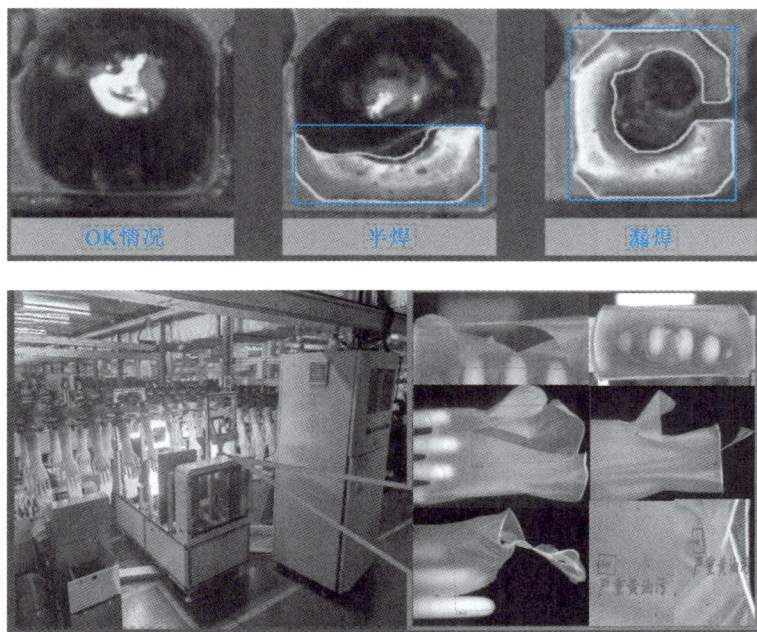

OK情况　　　　半焊　　　　漏焊

图 0-4　机器视觉检测技术产业应用场景

4. 视觉引导

视觉引导是一种结合了机器视觉和机器人技术的自动化技术,它通过视觉系统捕获图像并分析,以实现对机器人或其他自动化设备的精确定位和引导。这种技术广泛应用于制造业、物流、医疗和自动化生产线等领域,用于提高生产效率、减少人工错误、提升产品质量,并适应快速变化的生产需求。

其典型应用场景如图 0-5 所示,包括单相机抓取定位、单相机纠偏引导、上下相机贴合定位、多相机系统、与机器人的通信集成以及软件平台支持等。

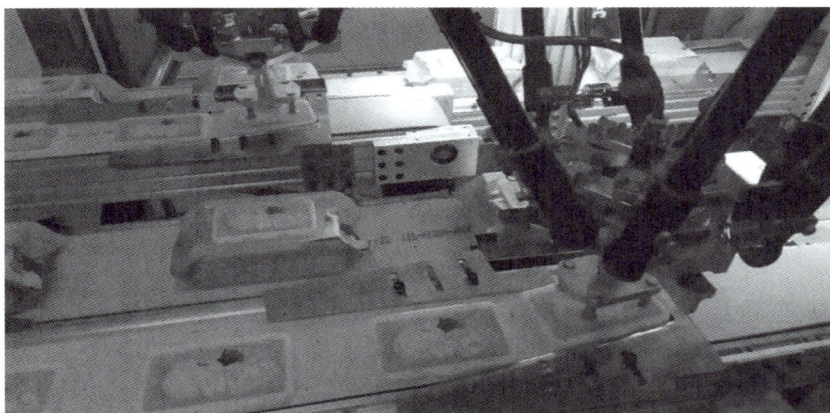

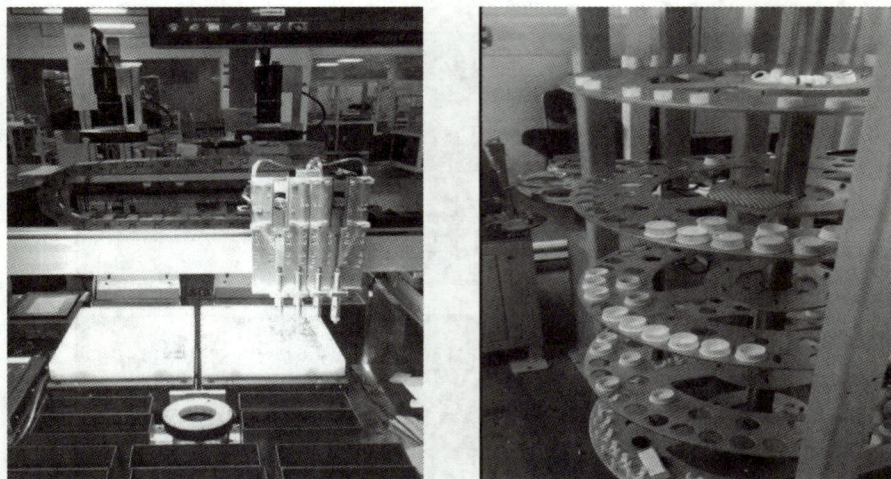

图 0-5　机器视觉引导技术产业应用场景

0.7　机器视觉处理软件

目前,机器视觉比较流行的开发模式是"软件平台+视觉处理软件(算子库)"。视觉算法平台由底层算法研发能力较强的视觉公司开发,国外知名的处理软件有德国 MVTec 公司的 Halcon、康耐视公司的 VisionPro、加拿大 Matrox 公司的 MIL 等,国内的有杭州海康机器人公司的 Vision Master 算法平台、OPT 公司的 Sci Vision、凌云光公司的 Vision Ware、创科公司的 CKVision、陕西维视智造公司的 Vision Bank 等(图 0-6)。除了视觉公司推出的商业软件库,还有 OpenCV、VTK、PCL、CGAL 等开源算法,为视觉系统开发者提供了助力。但是国内视觉应用厂商自主或基于开源算法开发的软件在性能、效率和稳定性上与专用视觉软件库相比仍存在较大差距,而且国内视觉算法开发人员的供应紧缺、薪资成本高。因此随着视觉应用的要求越来越高,越来越多的视觉应用厂商开始选择购买专业视觉公司开发的视觉算法平台或算子库,中国视觉算法软件的潜在市场空间巨大。

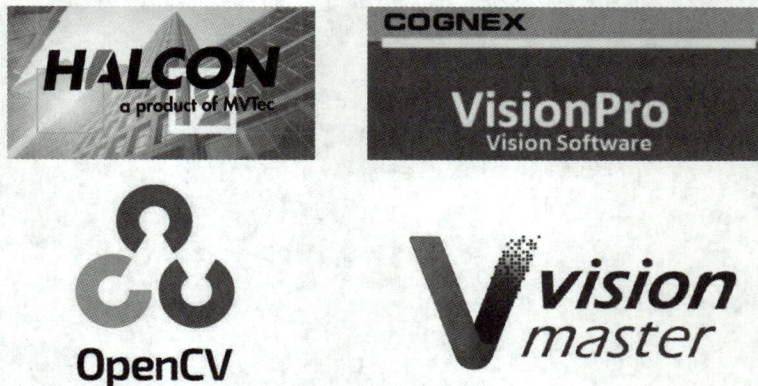

图 0-6　常用机器视觉处理软件

0.8　关于杭州海康机器人股份有限公司

　　杭州海康机器人股份有限公司(以下简称"海康机器人")是面向全球的机器视觉和移动机器人产品及解决方案提供商,业务聚焦于工业物联网、智慧物流和智能制造,主要依托公司在相关领域的技术积累,从事机器视觉和移动机器人的硬件产品和软件平台的设计、研发、生产、销售和增值服务(图0-7)。"引领工业智能化发展,共创智造新未来"是公司一以贯之的使命,也是公司的主要目标和宗旨。海康机器人希望能够实现"助力工业物联,创造可持续的社会价值"的愿景。同时"专业精湛,勇于担当,诚信务实"是海康机器人一直践行的价值观,并内化成为其企业文化;"让机器更智能,让智能更普惠"是海康机器人的品牌理念,旨在坚持做难且正确的事,使得智能技术不断优化,并广泛地服务于社会的各个层面,让更多的人平等地享受到技术带给生产生活的美好。

图0-7　杭州海康机器人股份有限公司

　　在机器视觉方面,公司聚焦工业视觉传感,驱动工业数字化和智能化。机器视觉业务已拥有2D视觉、智能ID、3D视觉、工控四条产品线,同时以VM算法软件平台为核心,培养视觉应用生态。公司主营业务以技术创新为驱动,以市场需求为导向,聚焦产品和平台的升级迭代,持续为3C电子、新能源、汽车、医药医疗、半导体、快递物流等行业提供机器视觉硬件产品和算法软件平台,提升生产制造柔性和产品品质,助力智能制造的发展。

在移动机器人方面,公司聚焦国内物流,推动制造业、流通行业的自动化及智能化。智能基座 iBASE 是海康机器人自研的第四代 AMR 架构平台,海康机器人基于 1 个智能基座,衍生出 N 类车型,覆盖 X 个场景。潜伏系列、叉取系列、料箱系列、移载系列、重载系列、复合系列六条产品线和机器人调度系统(robots control system,RCS)、智能仓储管理系统(intelligent warehouse management system,iWMS)两大软件平台,重点覆盖汽车、新能源、3C 电子、医药医疗、电商零售等细分行业,提供专业的智能物流解决方案,可为下游用户降低物流环节运营成本,提升物流效率和管理质量。

【微信扫码】
操作视频

项目 1　机器视觉系统识别与应用

任务 1　条码识别

1.1　任务工单

工单编号	
提交日期	年　　月　　日
提交部门	物流自动化部
紧急程度	□高　□中　□低
任务名称	快递单号条码识别系统开发
任务背景	随着电商和物流行业的迅猛发展,快递单号处理效率的提升已成为行业发展的关键需求。传统的人工录入方式不仅效率低下,而且容易出错,难以应对日益增长的订单量。为此,引入机器视觉技术成为行业转型升级的重要方向
核心功能	1. 识别一维条码(Code 128、EAN-13)和二维码(QR 码) 2. 输出格式化信息至数据库/文本文件
性能指标	1. 识别准确率≥95%(清晰条码) 2. 单张处理时间≤0.5 s
硬件配置	相机:MV-CS050-10GC(500 万像素) 镜头:MVL-KF1628M-12MP(16 mm 焦距) 光源:MV-LBES-180-180-W(环形 LED) 工作距离:400 mm
软件流程	1. Vision Master 新建案例,配置图像源 2. 一维条码:条码识别模块(最大数量=5) 3. 二维码:DL 读码 C 模块(支持 QR/DataMatrix) 4. 格式化输出结果(如快递单号:[单号],类型:[Code128])
交付要求	1. Vision Master 工程文件(. vmproj) 2. 测试报告(含 10 组样本结果截图及耗时记录)

（续表）

任务计划	硬件连接与环境搭建→一维条码流程开发→二维码功能扩展→系统测试及文档整理
注意事项	1. 优先适配主流快递条码 2. 模糊条码需调整"降采样系数"或"静区宽度"

1.2　任务学习目标

➤ 知识目标

1. 掌握机器视觉行业中条码识别的方法。
2. 掌握 Vision Master 中一维条码识别和二维码识别工具操作的方法。

➤ 技能目标

1. 掌握依据项目需求完成机器视觉硬件选型、配置及系统集成的实践技能。
2. 能够独立完成视觉算法选型、软件架构设计及系统性能测试。

➤ 素质目标

1. 形成系统性解决视觉技术难题的思维能力，包括故障诊断与性能优化。
2. 具备技术迁移应用能力，可快速掌握新兴视觉算法与智能硬件技术。
3. 保持技术敏感度，能通过自主学习持续提升视觉系统开发水平。

1.3　相关知识

1. 一维条码

常见的条形码是由反射率相差很大的黑条（简称条）和白条（简称空）排成的平行线图案。"条"指对光线反射率较低的部分，"空"指对光线反射率较高的部分，所携带的信息依靠"条"和"空"的不同宽度和位置来传递，条形码的信息量受到其物理尺寸和打印质量的影响。条形码越宽，通常可以包含更多的信息，因为有更多的空间用于条和空的排列。此外，打印精度越高，单位长度内可以容纳的条和空越多，从而传递的信息量也就越大。一维条码只是在一个方向，即水平方向表达信息，而在垂直方向不表达任何信息。

2. 一维条码的结构组成

一维条码的组成结构从左至右主要包括左静区、起始符、数据符、终止符、右静区，排列方式通常如图 1-1 所示。某些特定的一维条码（如 EAN 码和 UPC 码）还在数据符之间使用中间分割线（也叫分隔符）来区分不同的数据段。

图 1 - 1　一维条码的结构

（1）左静区：位于条码开始之前的空白区域，用于指示扫描器即将读取条码，并帮助确定条码的起始位置。

（2）起始符：位于条码的开始位置，具有特定的条和空的排列模式，用于识别条码的开始，并提供码制识别信息和阅读方向的信息。

（3）数据符：位于条码中间的部分，包含了条码所要表达的具体信息，这些信息可以是数字、字母或其他字符。

（4）校验符：用于检测条码数据在传输或复制过程中的正确性，通常根据特定的算法计算得出。

（5）终止符：位于条码的结束位置，具有特定的条和空的排列模式，用于标识条码的结束，并与起始符一起提供码制识别信息。

（6）右静区：位于条码结束之后的空白区域，类似于左静区，用于帮助扫描器确认条码的结束，并完成数据的读取。

常见的一维条码码制包括 EAN 码、UPC 码、交叉 25 码、Code 39 码、Code 128 码、库德巴码等（图 1 - 2）。

图 1 - 2　常见的一维条码示例

3．一维条码的编码方法

一维条码制的编码方法通常遵循以下基本原则。

（1）模块组合法

条形码中，条与空是由标准宽度的模块组合而成。一个标准宽度的条模块表示二进制的"1"，而一个标准宽度的空模块表示二进制的"0"。

（2）宽度调节法

条形码中，条与空的宽窄设置不同，用宽单元表示二进制的"1"，而用窄单元表示二进制的"0"，宽窄单元之比一般控制在2～3。

（3）字符集和编码规则

不同的码制有其特定的字符集和编码规则。例如，Code 128 码可以表示 0～127 的数据，并且分为 Code 128A、Code 128B、Code 128C 三种类型，每种类型有不同的起始位和字符集。

4．二维码(2D barcode)

二维码是一种在水平和垂直方向的二维空间都存储信息的图形符号，它通过黑色和白色模块的不同排列组合存储数据。与传统的一维条码相比，二维码能够存储更多的信息，包括文本、数字、链接、图像等，并且具有更高的数据密度和错误校正能力。

常见的二维码种类包括 QR 码、Data Matrix 码、PDF417 等（图 1 - 3）。这些二维码格式因其各自的特点和优势，在各个领域中得到广泛应用。从日常生活中的收付款到工业生产管理，从商品防伪到交通运输，都离不开二维码技术的支持。

QR码　　　　　　Data Matrix码　　　　　　PDF417码

图 1 - 3　常见的二维码示例

（1）QR 码

QR 码由日本 DW 公司于 1994 年发明，是目前最流行的二维码格式之一。它具有超高速识读、全方位识读的特点，并能有效表示中国汉字、日本文字、各种符号、字母、数字等。QR 码广泛应用于收付款、防伪溯源、工业自动化生产线管理、电子凭证等场景。

QR 码主要包括以下几个部分（图 1 - 4）。

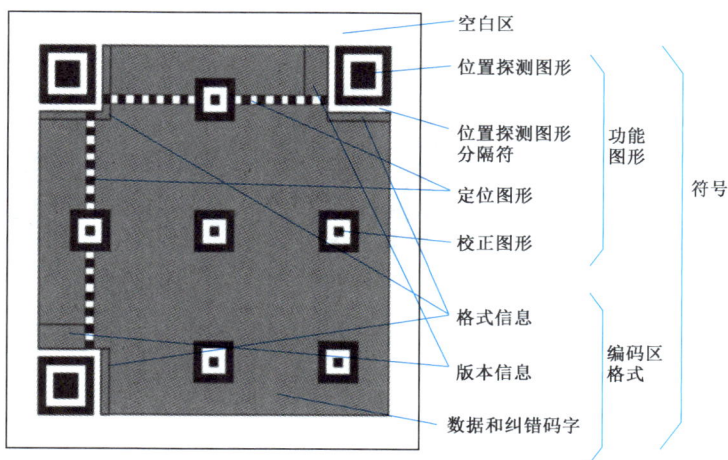

图 1-4　QR 码的结构

① 位置探测图形、位置探测图形分隔符：对每个 QR 码来说，位置都是固定存在的，只是大小规格会有所差异；这些黑白间隔的矩形块很容易进行图像处理的检测，可帮助扫描设备快速识别和定位二维码的方向和位置。

② 定位图形：是位于位置探测图形旁的黑白交替点带，这些小的黑白相间的格子就好像坐标轴，在二维码上定义了网格。

③ 校正图形：根据尺寸的不同，校正图形的个数也不同。校正图形主要用于 QR 码形状的校正，尤其是当 QR 码印刷在不平坦的面上，或者拍照时候发生畸变等。

④ 格式信息：表示该二维码的纠错级别，分为 L、M、Q、H。

⑤ 版本信息：即二维码的规格，表明二维码的大小和复杂度。QR 码符号共有 40 种规格的矩阵（一般为黑白色），从 21×21（版本 1）到 177×177（版本 40），每一版本符号比前一版本每边增加 4 个模块。

⑥ 数据：实际保存编码数据的区域。使用黑白的二进制网格编码内容。8 个格子可以编码一个字节。

⑦ 纠错码字：用于修正二维码损坏带来的错误。

（2）Data Matrix 码

Data Matrix 码由美国国际资料公司（International Data Matrix）于 1989 年发明，是一种由黑色、白色的色块以正方形或长方形组成的二维码，其发展构想是希望在较小的标签上存储更多的信息量。Data Matrix 码的最小尺寸是目前所有条码中最小的，特别适合于小零件的标识，可直接印刷在实体上，被广泛应用在电路、药品等小件物品以及制造业的流水线生产过程。Data Matrix 码分为 ECC140 与 ECC200 两种类型。其构成如图 1-5 所示。

时钟标识

定位标识

数据单元

图 1-5　Data Matrix 码的构成

（3）PDF417 码

PDF417 码由美国讯宝科技公司于 1990 年研发，发明者是留美华人王寅君博士。PDF417 码广泛应用于工业生产、卫生、商业、交通运输等领域。

1.4　任务实施

1. 软件操作流程

【微信扫码】
任务操作视频

一维条码识别算法可实现对一维条码的译码。首先会对图像中的一维条码进行预处理以保证识别条码质量，然后进行译码，并保证一定的容错率。

本次任务识别的对象：快递包装上的一维条码（图 1-6）。

图 1-6　快递包装上的一维条码

整体操作流程如图 1-7 所示。

开始

(1) 打开Vision Master，点击通用方案，创建新案例

(2) 在左侧模块箱找到采集选项，选择并将图像源拖拽至流程中

(3) 点击图像区，在右侧图像栏选择添加图像文件夹

(5) 观察图源。点击单次执行，可以看到图片中显示条形码框和编码信息。但是当图片中包含两个条码时，仅能成功识别其中一个

(4) 在左侧工具栏中找到识别工具并选择其中的条码识别模块，拖拽至流程中，与图像源连接，基本参数保持默认

(6) 运行参数设置。此时点击条码识别，在弹出的对话框中设置运行参数，更改条码个数至大于等于所需识别个数

(7) 条码信息格式化输出。对识别出的二维码进行格式化输出，在逻辑工具中找到格式化模块

结束

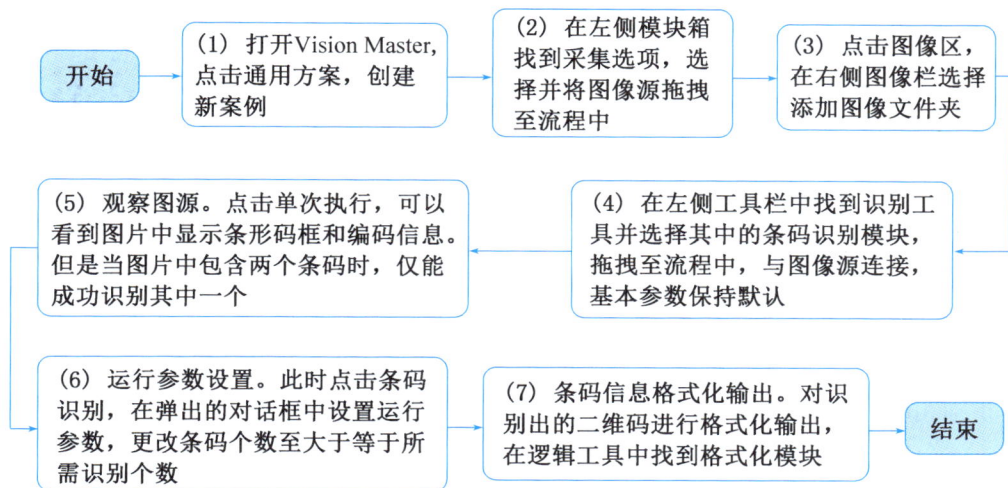

图 1-7　整体操作流程

2. 任务思考：科技赋能物流

随着电商和物流行业的蓬勃发展（图1-8），条码识别技术成为提升效率的关键。本项目中通过Vision Master开发高效识别系统，体现了科技创新对产业的推动作用。

图 1-8　电商和物流行业

3. 实操作业

Vision Master 的二维码识别模块可用于识别目标图像中的二维码，并将读取的二维码信息以字符的形式输出。其一次可以高效准确地识别多个二维码，但目前只支持 QR 码和 Data Matrix 码。该模块对码的质量要求较高；无固定搭配使用模块，前序模块可以搭配仿射变换、形态学处理等图像处理模块对码成像做优化，然后输入到二维码识别模块中进行读码，后续模块可以利用二维码信息及位置进行定位、通信等处理。

创建新案例，选择图源、二维码信息格式化输出这几个步骤的操作与一维条码识别相同，这里不再赘述。

（1）与一维条码任务实施不同的是，要在识别工具中选择 DL 读码 C 模块[注意区别 C 和 G，C 指 CPU（中央处理器）模块，G 指 GPU（图形处理器）模块]，并拖拽至流程中，与图像源连接。

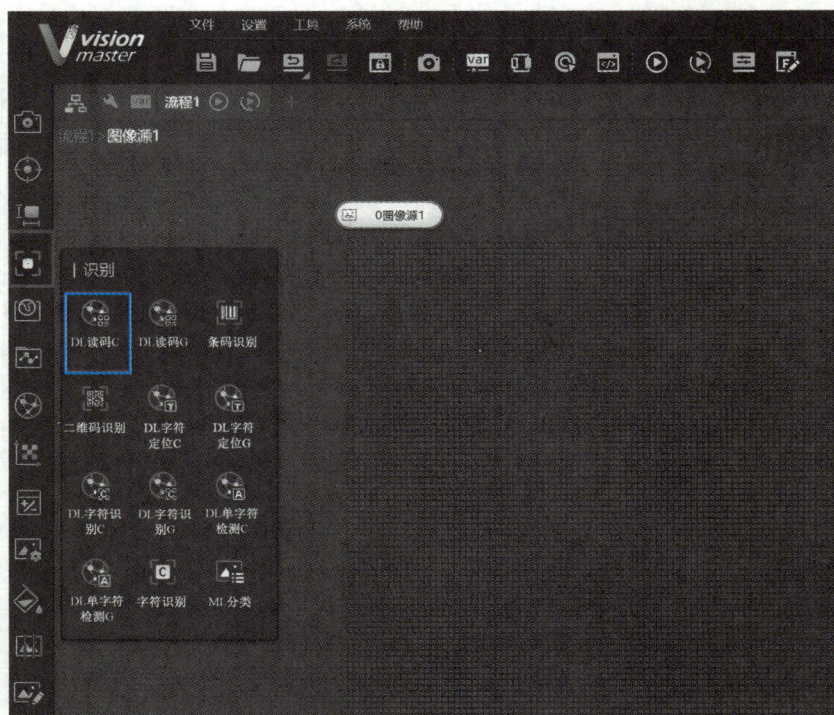

图 1-9　区别步骤

（2）DL 读码 C 模块运行参数设置。在 DL 读码 C 模块对话框中点击运行参数，选择二维码识别，根据实际需求选择二维码个数（图 1-10）。

图 1-10 参数设置

DL 读码 C 模块运行参数详情如下。

① 条码类型:支持 MSI 码、CNPOST 码、CODE11 码、IND25 码、ITF14 码,根据条码类型开启相应按钮。

② 条码个数:期望查找并输出的条码最大数量,若实际查找到的个数小于该参数值,则输出实际数量的条码。

③ 二维码类型:支持 QR 码、Data Matrix 码,根据条码类型开启相应按钮。

④ 二维码个数:期望查找并输出的二维码最大数量,若实际查找到的个数小于该参数值,则输出实际数量的二维码。

可以看到二维码被成功识别(图 1-11)。

图 1-11 二维码

读者按照一维条码信息格式化输出的步骤操作,可将所有二维码信息都格式化输出到图像中(图1-12)。

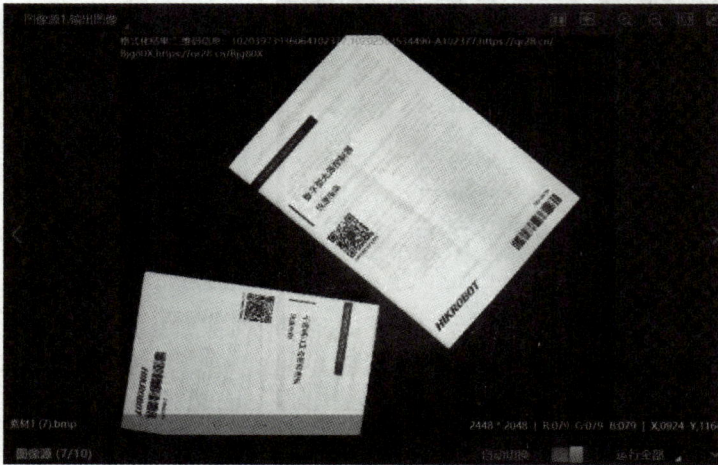

图1-12　二维条码格式化结果

任务 2　字符识别

2.1　任务工单

工单编号	
提交日期	年　　月　　日
提交部门	生产自动化部
紧急程度	□高　　□中　　□低
任务名称	果汁盒生产日期字符识别系统开发
任务背景	在食品工业自动化生产中,牛奶盒包装上的生产日期识别是质量管控与产品追溯的关键环节。传统人工检测效率低且易出错,而牛奶盒表面的喷码字符常因印刷位置偏移、光照不均、背景复杂(如反光/污渍)等因素导致机器识别困难。本任务基于机器视觉技术,通过图像预处理、字符定位分割及光学字符识别(OCR)算法,实现复杂场景下喷码日期的鲁棒性提取,为自动化产线提供高精度、实时化的日期检测解决方案,助力企业提升品控效率与信息化管理水平。为提高包装线检测效率,需开发基于 Vision Master 的机器视觉系统,实现果汁盒生产日期的自动化识别与验证,替代传统人工目检方式
核心功能	1. 果汁盒喷印生产日期识别采用 DL 字符识别技术,适应不同字体和背景 2. 与系统当前日期比对,判断是否过期
性能指标	1. 识别准确率≥95%(清晰字符) 2. 单张处理时间≤0.3 s
硬件配置	相机:MV-CS050-10GC(500 万像素) 镜头:MVL-KF1628M-12MP(16 mm 焦距) 光源:MV-LBES-180-180-W(环形 LED) 工作距离:250 mm
软件流程	1. 配置 500 万像素相机参数(分辨率 2 592×1 944,帧率 15 FPS) 2. 设置生产日期区域模板,匹配阈值≥0.85 3. DL 字符识别,ROI 继承快速匹配结果 4. 图形化叠加显示识别结果
交付要求	1. Vision Master 工程文件(.vmproj) 2. 测试报告(含 10 组样本结果截图及耗时记录) 3. 系统操作手册(含异常处理流程)
任务计划	硬件系统搭建→快速匹配模块开发→DL 字符识别训练→系统集成测试
注意事项	1. 字体适配:需兼容常见喷码字体(点阵/激光) 2. 异常处理:对残缺、模糊字符需触发重检机制 3. 数据安全:生产日期数据需加密传输

2.2　任务学习目标

➤ 知识目标

1. 掌握机器视觉行业中字符识别的方法。
2. 掌握 Vision Master 中字符识别工具操作方法。

➤ 技能目标

1. 能根据项目需求,进行机器视觉系统硬件选型与搭建。
2. 能根据项目需求,完成机器视觉系统软件设计与测试。

➤ 素质目标

1. 能够依据项目需求,完成机器视觉硬件系统的选型与搭建。
2. 能够按照项目要求,实现机器视觉软件系统的设计与测试。

2.3　相关知识

1. 字符识别(optical character recognition,OCR)技术

字符识别是机器视觉中的重要应用之一,主要用于从图像中提取文本信息。其过程通常包括图像预处理、字符定位、特征提取和字符识别等步骤。在本任务中,采用深度学习(deep learning,DL)字符识别技术,通过深度学习算法提高识别的准确性和鲁棒性。

2. Vision Master 软件简介

Vision Master 是一款集成了多种机器视觉算法的软件平台,支持图像采集、处理、分析和结果显示等功能。它提供了丰富的工具模块,如快速匹配、字符识别、图形收集等,能够帮助用户快速搭建机器视觉系统。

3. 快速匹配技术

快速匹配是一种基于特征模板的定位技术,通过提取目标区域的特征点,实现图像中目标的快速定位。在本任务中,快速匹配用于定位果汁盒上的生产日期区域,为后续字符识别提供准确的感兴趣区域(region of interest,ROI)。

4. 图像采集与预处理

图像采集是机器视觉系统的第一步,通常通过工业相机完成。采集到的图像可能包含噪声、光照不均等问题,因此需要进行预处理(如去噪、二值化、边缘检测等),以提高后续处理的准确性。

5. 感兴趣区域

感兴趣区域是指图像中需要重点处理的区域。在本任务中，通过快速匹配确定生产日期的位置，并利用 ROI 继承功能将字符识别模块应用于该区域，从而提高识别的效率和准确性。

6. 深度学习在字符识别中的应用

深度学习技术，如卷积神经网络（convolutional neural network，CNN），在字符识别中表现出色，能够自动学习图像特征，适应复杂的背景和光照条件。DL 字符识别模块基于深度学习算法，能够高效准确地识别图像中的字符信息。

7. 逻辑工具与结果格式化

逻辑工具用于对识别结果进行进一步处理，如图形收集、结果显示等。格式化工具则用于将识别结果以文本或图形的形式输出到图像中，便于用户直观查看和分析。

2.4　任务实施

【微信扫码】
任务操作视频

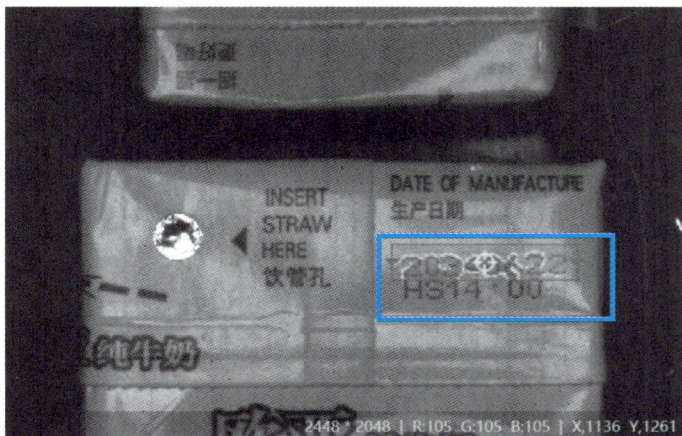

1. 软件操作流程

本次任务识别的对象：牛奶盒生产日期（图 2-1）。

图 2-1　牛奶盒上的生产日期

整体操作流程如图 2-2所示。

开始 → (1) 打开Vision Master，点击通用方案，创建新案例 → (2) 在左侧模块箱找到采集选项，选择图像源，将图像源拖拽至流程中 → (3) 点击图像区，在右侧图像栏选择添加图像文件夹，添加文件夹

(5) 打开快速匹配，点击特征模板，点击创建，在模板配置中创建矩形掩膜，框选识别内容，在快速匹配中点击运行参数，找到角度范围，调节角度范围为-180°~180° ← (4) 在定位中找到快速匹配模块拖拽至流程中，与图像源连接

(6) 找到识别中的DL字符识别C，与快速匹配连接，打开字符识别模块，在ROI区域中的ROI创建选择继承，按区域方式继承，订阅快速匹配的匹配框 → (7) 可以看到识别后的效果，果汁盒的生产日期识别过程与上述过程一致 → (8) 在逻辑工具中找到图形收集，与两个字符识别连接，目的是在图像中显示所有识别的内容

结束 ← (10) 在逻辑工具中选择格式化，将结果格式化输出到图像中 ← (9) 添加矩形框，订阅为快速匹配的匹配框，添加文本，订阅内容为字符信息，位置为快速匹配匹配点X、匹配点Y，再为另一组添加

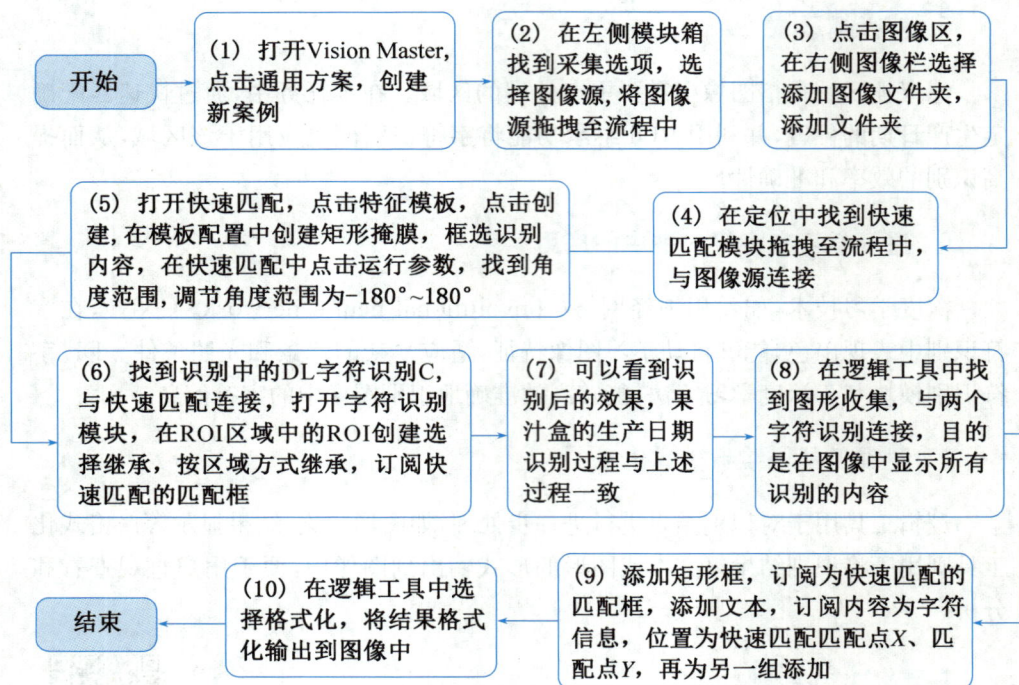

图 2-2　整体操作流程

2．任务思考：智能视觉赋能食品安全生产

在果汁盒生产日期识别系统开发中，深刻认识到技术创新对食品质量安全的重要价值。通过应用 DL 字符识别技术，可有效解决人工检测效率低下的行业痛点。

3．实操作业

（1）作业说明

请扫码下载图源文件，利用任务中掌握的字符识别操作方法，对图源中的各类食品、药品包装袋上的有效信息（生产日期、批号等）进行提取。

【微信扫码】
实操作业图源

（2）作业要求

兼容不同颜色食品、药品包装背景，输出工程文档，做好操作记录，对失败案例进行分析并提出改进方案。

项目 2 机器视觉系统测量与应用

任务 3 引脚间距测量

3.1 任务工单

工单编号	
提交日期	年 月 日
提交部门	物流自动化部
紧急程度	□高 □中 □低
任务名称	电子元件引脚间距检测系统开发
任务背景	随着电子元器件向微型化、高密度方向发展,传统人工卡尺测量方式已难以满足现代制造业对引脚间距检测的高精度和高效率要求。本任务将开发基于工业相机和 Vision Master 平台的自动化视觉检测系统,通过高精度边缘检测算法实现引脚间距的快速测量,自动判定合格性并生成检测报告,可无缝对接制造执行系统(manufacturing execution system, MES),显著提升检测效率和产品一致性,适用于表面贴装(SMT)、IC 封装等精密电子制造领域
核心功能	1. 精确测量三极管等元件引脚间距(精度±0.01 mm) 2. 自动判定间距是否符合规格要求 3. 格式化输出检测结果(合格或不合格及偏差值)
性能指标	1. 测量重复精度≥99% 2. 单件检测时间≤0.2 s
硬件配置	相机:MV-CS050-10GC(500 万像素) 镜头:MVL-KF1628M-12MP(16 mm 焦距) 光源:MV-LBES-180-180-W(环形 LED) 工作距离:250 mm

（续表）

软件流程	1. Vision Master 新建案例,配置高分辨率图像源 2. 快速匹配模块定位元件主体 3. 间距测量模块检测引脚边缘(滤波尺寸＝3,边缘阈值＝30) 4. 逻辑判断模块输出合格判定结果
交付要求	1. Vision Master 工程文件(.vmproj) 2. 测试报告(含 20 组样本的测量数据及误差分析) 3. 操作手册(含常见异常处理方案)
任务计划	硬件系统搭建→定位模块开发→间距测量算法调试→系统集成测试→文档整理
注意事项	1. 需兼容不同封装形式的三极管 2. 针对反光引脚需优化光源参数 3. 测量结果需自动记录至 MES 系统

3.2　任务学习目标

➤ 知识目标

1. 掌握机器视觉行业中间距测量的方法。
2. 掌握 Vision Master 中间距检测工具操作方法。

➤ 技能目标

1. 掌握机器视觉系统硬件方案的选型设计与实施部署能力。
2. 具备机器视觉软件系统的开发实现与测试验证能力。

➤ 素质目标

1. 形成机器视觉技术问题的自主分析与解决能力。
2. 具备新技术与新知识的快速吸收与应用能力。

3.3　相关知识

1. 系统组成与原理

电子元件引脚间距检测系统结构如图 3-1 所示。采用 500 万像素工业相机(MV-CS050-10GC)配合 16 mm 定焦镜头,环形 LED 光源(MV-LBES-180-180-W)提供均匀照明,工作距离 250 mm 时理论分辨率可达 0.02 mm/pixel。

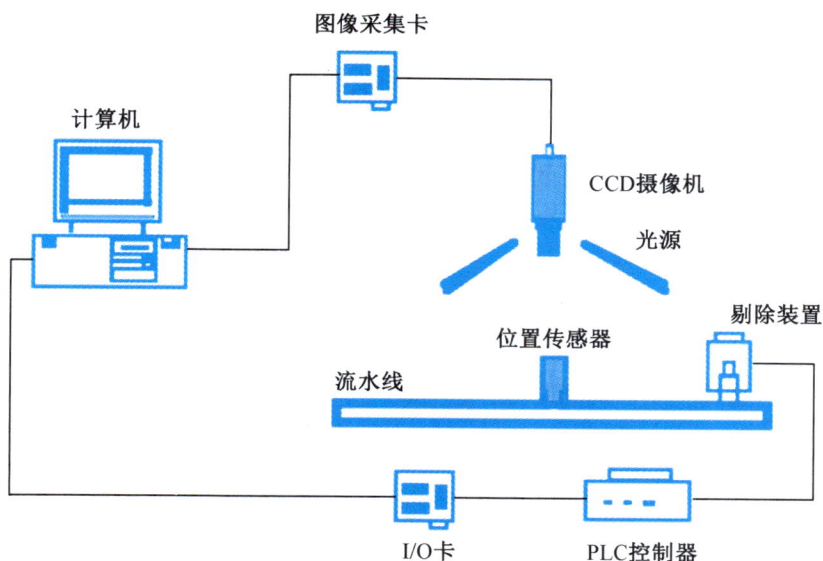

图 3-1　系统结构

2. 系统架构

电子元件引脚间距检测系统通常包括图像采集模块、图像处理模块、测量模块和执行模块。图像采集模块负责获取高质量的图像;图像处理模块进行图像预处理和特征提取;测量模块进行精确测量;执行模块根据测量结果执行相应的操作。

3. 工作原理

电子元件引脚间距检测系统通常利用机器视觉技术进行自动化检测。系统通过摄像头或传感器获取元件的图像或数据,然后运用图像处理和机器学习算法来识别和测量引脚的间距。

4. 关键测量技术

(1) 检测需求:通常需要检测多个焊锡区域的锡量是否达标,以及检测两根引脚之间的间距是否符合标准。

(2) 检测原理:通过机器视觉技术,利用图像处理算法如二值化、连通区域分析等,对焊锡区域进行测量。使用直线测量器检测引脚间距,确保引脚间距符合标准。

(3) 图像处理:包括二值化处理、连通区域分析、直线测量等。

(4) 算法优化:通过算法优化提高检测速度和精度,减少误检和漏检。

(5) 测量计算:使用直线测量器或相关算法计算引脚之间的距离。

(6) 结果输出:将测量结果与预设标准进行比较,输出合格或不合格的信号。

5. 应用场景

电子元件引脚间距检测系统广泛应用于各种电子产品的生产过程中,特别是在表面贴装技术(surface mount technology,SMT)生产线中。它可以帮助确保电子元件的安装精度,提高产品的可靠性和生产效率。

3.4 间距检测

间距测量模块用于检测两特征边缘之间的间距。首先查找满足条件的边缘,然后进行距离测量。该模块多用于生产中测量工件宽度,确认工件规格是否满足要求,以及测量两个工件的间距等。

3.5 任务实施

1. 软件操作流程

本次任务识别的对象:元器件引脚(图3-2)间距。

【微信扫码】
任务操作视频

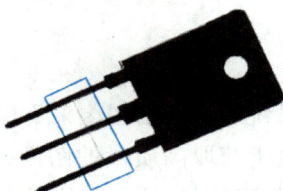

图3-2 元器件间引脚

整体操作流程如图3-3所示。

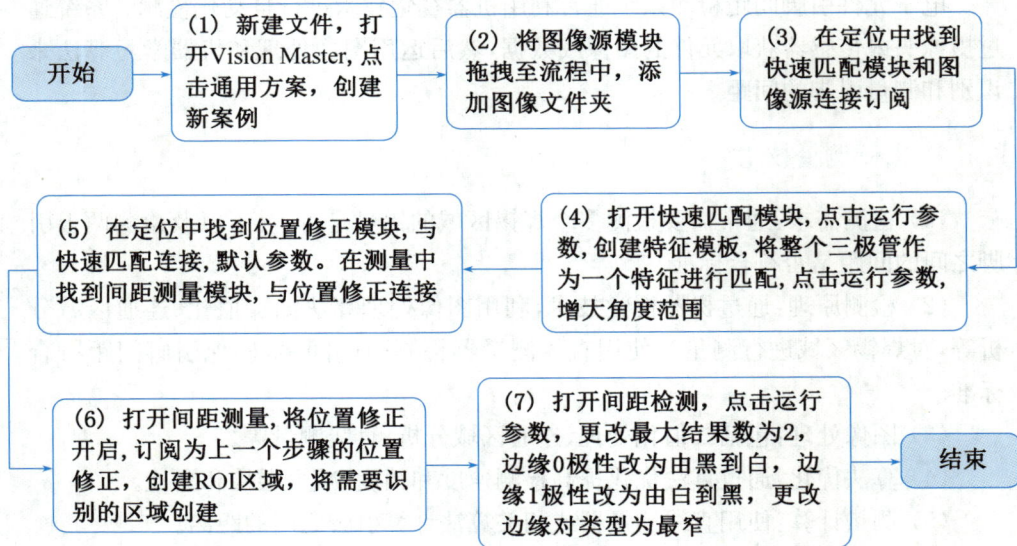

开始

(1) 新建文件,打开Vision Master,点击通用方案,创建新案例

(2) 将图像源模块拖拽至流程中,添加图像文件夹

(3) 在定位中找到快速匹配模块和图像源连接订阅

(4) 打开快速匹配模块,点击运行参数,创建特征模板,将整个三极管作为一个特征进行匹配,点击运行参数,增大角度范围

(5) 在定位中找到位置修正模块,与快速匹配连接,默认参数。在测量中找到间距测量模块,与位置修正连接

(6) 打开间距测量,将位置修正开启,订阅为上一个步骤的位置修正,创建ROI区域,将需要识别的区域创建

(7) 打开间距检测,点击运行参数,更改最大结果数为2,边缘0极性改为由黑到白,边缘1极性改为由白到黑,更改边缘对类型为最窄

结束

图3-3 整体操作流程

2. 任务思考：个人技术与职业态度对行业的影响

在完成"引脚间距测量"项目的过程中，深刻体会个人技术能力和职业态度对行业发展的重要性。这一任务不仅要求掌握机器视觉技术的核心技能，还需要严谨的工作态度和持续学习的精神。

3. 实操作业

（1）作业说明

请扫码下载图源文件，利用任务中掌握的引脚间距测量操作方法，对图源中的各类芯片引脚进行自动化测量，并尝试对 PCB 板上的封装贴片元件焊盘的间距进行自动化测量。

【微信扫码】
实操作业图源

（2）作业要求

精度为 ± 0.01 mm，对焊锡反光区域进行抗干扰处理，输出偏移超限（> 0.05 mm）的元件坐标及偏差数据，兼容不同颜色 PCB 背景，输出工程文档，做好操作记录，对失败案例进行分析并提出改进方案。

任务 4　芯片尺寸测量

4.1　任务工单

工单编号	
提交日期	年　　　月　　　日
提交部门	质量检测部
紧急程度	□高　□中　□低
任务名称	芯片尺寸精确测量系统开发
任务背景	随着半导体制造工艺的持续精进,芯片尺寸测量面临前所未有的精度挑战。为显著降低人工检测误差风险,提升产线良率,需通过机器视觉技术实现芯片尺寸的自动化测量,替代传统人工卡尺测量方式,确保测量精度和一致性
核心功能	1. 图像采集:清晰捕捉芯片边缘及表面特征 2. 定位与测量:粗定位——模板匹配与位置修正模块。精定位——矩形检测模块(边缘极性、卡尺数量等参数可调) 3. 结果输出:格式化显示芯片长、宽、角度及公差(单位:mm)
性能指标	1. 测量精度:±0.01 mm(基于 500 万像素相机及标定参数) 2. 单次测量时间:≤1 s(从图像采集到结果输出) 3. 重复性误差:≤0.5%(同一芯片连续 10 次测量标准差)
硬件配置	样品:印刷圆弧+印刷字符+胶囊药丸(模拟芯片特征) 相机:MV-CS050-10GC(500 万像素彩色面阵) 镜头:MVL-KF1628M-12MP(16 mm 焦距,1 200 万像素) 光源:MV-LBES-180-180-W(环形 LED,输出 200 灰度) 工作距离:200～350 mm(需根据实际焦距调整)
软件流程	1. 图像源:导入或实时采集芯片图像 2. 参数设置:最小匹配分数=0.8,角度范围=±10°,尺度范围=0.9～1.1 3. 位置修正:继承模板匹配结果,校准 ROI 区域 4. ROI 设置:图形类型,屏蔽干扰区域。边缘检测:极性=从黑到白,卡尺数量=15,滤波尺寸=3 5. 格式化输出:生成包含尺寸数据的结构化报告
交付要求	1. 工程文件:Vision Master 流程文件(. vmproj)及参数配置文档 2. 测试报告:10 组样本测量结果(含截图及数据表格),重复性测试记录(均值、标准差) 3. 校准证书:系统标定文件(如像素当量标定值)

（续表）

任务计划	1. 硬件搭建(1 天):安装相机、镜头、光源,调整工作距离 2. 软件调试(2 天):粗定位参数优化(模板匹配、位置修正)。精定位参数验证(边缘阈值、剔除点数) 3. 系统测试(1 天):重复性测试与误差分析 4. 文档整理(0.5 天):提交最终报告与工程文件
注意事项	1. 光源稳定性:避免环境光干扰,定期检查光源亮度 2. 参数调优:若自动模式失效,手动调整特征尺度(建议值:5~10)和对比度阈值(建议值:50~100) 3. 异常处理:模糊图像需增加滤波尺寸或投影宽度

4.2　任务学习目标

➤ 知识目标

1. 掌握机器视觉行业中芯片尺寸测量的方法。
2. 掌握 Vision Master 中矩形检测工具的操作方法。

➤ 技能目标

1. 具备针对项目需求定制机器视觉硬件配置及系统集成的能力。
2. 能够根据应用场景完成视觉软件架构开发与功能验证。

➤ 素质目标

1. 具有独立诊断和突破机器视觉技术瓶颈的专业能力。
2. 保持持续学习并高效转化新技术为实践应用的素养。

4.3　相关知识

芯片制造流程复杂,涉及众多工艺步骤,如光刻、刻蚀、薄膜沉积等,每一道工序都可能产生尺寸偏差。而芯片尺寸的精度直接影响其性能和成品率,例如,最小线宽等关键尺寸的偏差可能导致芯片功能失效。因此,需要通过精确的尺寸测量来监控工艺过程,确保芯片尺寸符合设计要求,以提高芯片制造的良率和经济效益。矩形检测模块用于检测目标图像中的 ROI 内是否存在矩形。

1. 芯片尺寸测量中的矩形检测应用场景

(1) 几何尺寸测量(如引脚、晶体管、互连结构的矩形轮廓)。
(2) 平面度/平整度检测(芯片表面或封装体的矩形区域形变分析)。

2. 图像预处理与边缘提取(图 4-1)

(1) 对芯片图像进行灰度化、降噪(如高斯滤波)。

（2）使用边缘检测算法（如 Canny 算子）提取轮廓边缘。

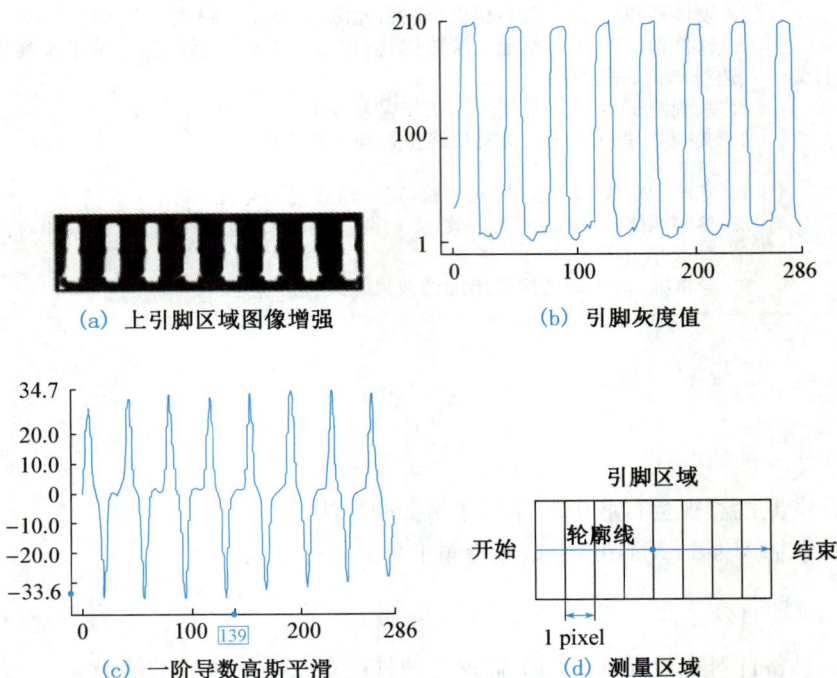

(a) 上引脚区域图像增强

(b) 引脚灰度值

(c) 一阶导数高斯平滑

(d) 测量区域

图 4-1　引脚边缘测量点提取

3. 引脚尺寸与间距测量需求

检测引脚宽度、长度、相邻引脚间距是否符合设计规格。

（1）定位目标引脚区域（ROI），提取边缘。

（2）拟合单个引脚的矩形轮廓，计算尺寸（如宽度 W、长度 L）。

（3）测量相邻引脚矩形的间距（如中心距 D）。

4. 引脚共面度检测（平面度分析）需求

确保多引脚在同一平面上，避免焊接不良。方法：使用 3D 视觉（如结构光、激光三角测量）获取引脚表面高度数据。对每个引脚的矩形区域进行平面拟合，计算各引脚平面的高度差。

5. 矩形网格采样策略

将芯片表面划分为矩形网格（如 10×10 个子区域）。使用探针或激光测头测量每个网格顶点的高度值。通过高度数据计算平面度（如最大高度差 Δh）。采样示意图如图 4-2 所示。

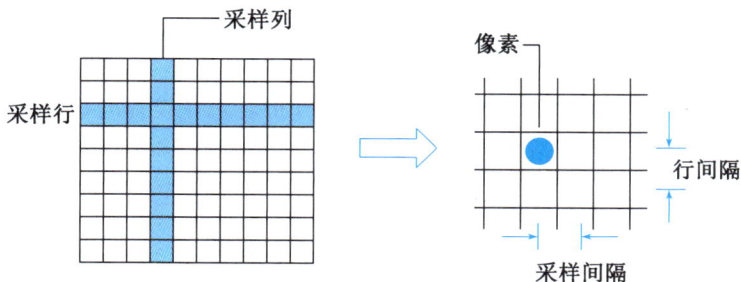

图 4 - 2　采样示意图

4.4　任务实施

1. 软件操作流程

在软件操作流程中,图像源、模板匹配、位置修正等模块可作为矩形检测的前置模块,辅助矩形检测在图像指定区域精确定位矩形。其中,模板匹配和位置修正做粗定位,矩形检测做精定位。矩形检测对后续模块无特殊要求。可接收并处理矩形信息的模块均可作为矩形检测的后序模块。

本次任务识别的对象:印刷芯片(图 4 - 3)。

整体操作流程如图 4 - 4 所示。

【微信扫码】
任务操作视频

图 4 - 3　印刷芯片

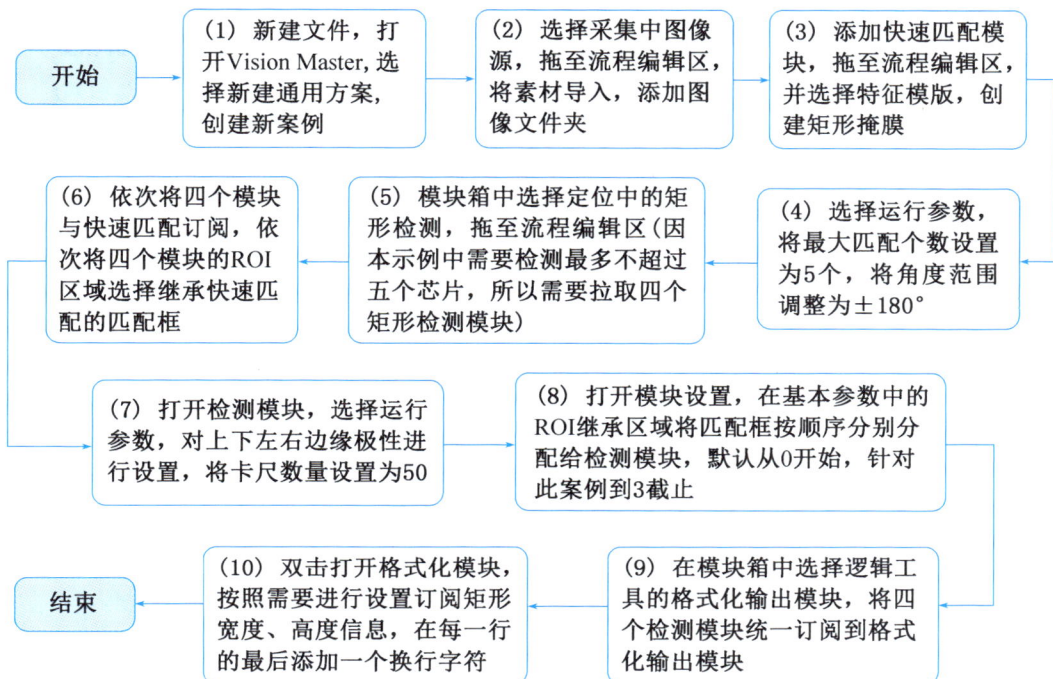

```
开始 → (1) 新建文件,打开Vision Master,选择新建通用方案,创建新案例 → (2) 选择采集中图像源,拖至流程编辑区,将素材导入,添加图像文件夹 → (3) 添加快速匹配模块,拖至流程编辑区,并选择特征模版,创建矩形掩膜

(6) 依次将四个模块与快速匹配订阅,依次将四个模块的ROI区域选择继承快速匹配的匹配框 ← (5) 模块箱中选择定位中的矩形检测,拖至流程编辑区(因本示例中需要检测最多不超过五个芯片,所以需要拉取四个矩形检测模块) ← (4) 选择运行参数,将最大匹配个数设置为5个,将角度范围调整为±180°

(7) 打开检测模块,选择运行参数,对上下左右边缘极性进行设置,将卡尺数量设置为50 → (8) 打开模块设置,在基本参数中的ROI继承区域将匹配框按顺序分别分配给检测模块,默认从0开始,针对此案例到3截止

结束 ← (10) 双击打开格式化模块,按照需要进行设置订阅矩形宽度、高度信息,在每一行的最后添加一个换行字符 ← (9) 在模块箱中选择逻辑工具的格式化输出模块,将四个检测模块统一订阅到格式化输出模块
```

图 4 - 4　整体操作流程

2. 任务思考：科技赋能工业

芯片尺寸测量以微米、纳米级的精度要求，守护着工业设备的稳定性（图4-5）、生产线的效率以及先进制造技术的落地。本项目通过 Vision Master 平台开发的芯片尺寸测量系统，体现了对芯片尺寸的"较真"，其本质是对工业质量的敬畏和对制造精度的追求。

图4-5 工业设备

3. 实操作业

（1）作业说明

请扫码下载图源文件，利用任务中掌握的芯片尺寸测量操作方法，对图源中的各类芯片尺寸进行自动化测量。

【微信扫码】
实操作业图源

（2）作业要求

精度为±0.01 mm，对芯片外观反光区域有一定抗干扰能力，输出工程文档，做好操作记录，对失败案例进行分析并提出改进方案。

任务 5　摄像头定位测量

5.1　任务工单

工单编号	
提交日期	年　　　月　　　日
提交部门	质量检测部
紧急程度	□高　□中　□低
任务名称	圆形目标定位与距离测量系统开发
任务背景	随着工业 4.0 时代的到来,制造业对生产过程的精度和效率要求不断提升。在汽车制造、精密机械等领域,圆形工件(如轴承、齿轮、定位孔等)的尺寸精度直接影响产品性能。传统人工检测方式存在效率低(仅 3～5 件/分)、一致性差(人为误差为±0.05 mm)等痛点,且无法满足现代智能产线实时数据采集的需求,亟须通过自动化解决方案实现质量管控升级。为满足工业生产线对圆形工件(如孔位、轴承等)的快速定位与距离测量需求,需通过机器视觉技术实现高精度自动化测量,以替代传统人工检测,提升生产效率和一致性
核心功能	1. 圆形目标定位:使用圆查找模块获取圆心坐标、半径及拟合误差 2. 距离测量:通过圆圆测量模块计算两圆圆心距离(单位:mm) 3. 结果输出:格式化显示圆心坐标、半径、圆间距及公差
性能指标	1. 定位精度:±0.02 mm(基于 500 万像素相机及标定参数) 2. 测量时间:≤0.8 s(从图像采集到结果输出) 3. 重复性误差:≤0.3%(同一目标连续 10 次测量标准差)
硬件配置	样品:彩色正方体(含标准圆形标记) 相机:MV-CS050-10GC(500 万像素彩色面阵) 镜头:MVL-KF1628M-12MP(16 mm 焦距,1 200 万像素) 光源:MV-LBES-180-180-W(环形 LED,输出 200 灰度) 工作距离:400 mm(需调整焦距确保清晰成像)
软件流程	1. 图像源:实时采集或导入目标图像 2. 圆查找模块:ROI 设置——环形区域覆盖目标圆边缘。参数配置:卡尺数量=20,滤波尺寸=3,边缘极性=从黑到白,剔除点数=5,剔除距离=2 像素(抗离群点干扰) 3. 圆圆测量模块:订阅圆查找模块输出的圆心坐标,计算两圆间距 4. 格式化输出:生成包含圆心位置、半径、距离的 JSON/CSV 报告
交付要求	1. 工程文件:Vision Master 流程文件(.vmproj)及参数配置说明 2. 测试报告:10 组样本测量数据(含圆心坐标、半径、距离截图),重复性测试记录(均值、极差、标准差) 3. 标定文件:像素当量标定值(mm/pixel)及校准记录

任务计划	1. 硬件调试(1 天):安装光源与相机,优化光照均匀性 2. 软件开发(2 天):圆查找参数调优(边缘阈值、投影宽度),圆圆测量逻辑验证(多圆场景处理) 3. 系统测试(1 天):静态与动态(模拟运动工件)测试 4. 文档提交(0.5 天):整合报告与工程文件
注意事项	1. 光照控制:避免反光或阴影干扰边缘检测,建议使用漫射光源 2. 动态场景:若工件运动,需调整曝光时间≤1 ms 或使用全局快门相机 3. 异常处理:模糊图像——增大滤波尺寸至 5 或调整投影宽度。拟合失败——检查 ROI 是否覆盖完整边缘,减少剔除距离

5.2　任务学习目标

➢ 知识目标

1. 掌握机器视觉行业中定位测量的方法。
2. 掌握 Vision Master 中圆查找和圆圆测量工具操作方法。

➢ 技能目标

1. 能够基于项目指标完成视觉硬件系统的方案设计与工程实施。
2. 可按照功能需求开展视觉算法开发及系统测试优化。

➢ 素质目标

1. 具备机器视觉领域复杂问题的自主攻关能力。
2. 拥有技术快速迭代背景下的持续成长潜力。

5.3　相关知识

摄像头定位测量是利用摄像头获取图像信息,结合计算机视觉算法和几何原理,实现对物体位置、尺寸、姿态等参数的测量与定位技术。它广泛应用于工业检测、机器人导航、自动驾驶、医疗影像等领域。关键技术与算法如下。

1. 相机标定技术

(1) 传统标定法:使用棋盘格等标定板,通过 OpenCV 等库实现内参、外参计算(如张正友标定法)。

(2) 自标定法:无需标定板,利用运动轨迹或场景结构自动估计相机参数(适用于动态场景)。

2. 特征提取与匹配

(1) 特征点检测:常用算法包括 SIFT(scale-invariant feature transform,尺度

不变特征变换)、SURF(speeded up robust features,加速稳健特征)、ORB(oriented FAST and rotated brief,快速定向二进制特征),用于识别图像中的关键点(如角点、边缘交点)。

(2)特征匹配:通过描述子(如 ORB 的二进制描述子)匹配不同图像中的同一特征点,建立二维图像与三维空间的对应关系。

3. 立体视觉与深度估计

(1)极线约束:双目视觉中,左右图像的匹配点必位于极线上,可缩小搜索范围。

(2)块匹配算法:在左右图像中选取窗口(如矩形块),通过灰度差或梯度差计算视差(如 SSD、NCC 算法)。

(3)深度学习方法:如立体匹配网络(StereoNet、PSMNet),通过神经网络直接预测像素级视差。

4. 目标检测与位姿估计

(1)目标检测:使用 YOLO、Faster R-CNN 等算法识别图像中的目标(如芯片、机械零件),输出边界框坐标。

(2)位姿估计(PnP 问题,即 n 点透视问题):已知物体三维模型和图像特征点,求解物体在相机坐标系中的旋转和平移参数(如 EPnP、P3P 算法)。

(3)摄像头定位测量中,圆查找(circle detection)是识别图像中圆形目标(如孔洞、焊点、轴承、芯片引脚焊盘等)的关键技术。

5. 圆查找

圆查找模块用于查找图像中指定区域内符合特定要求的圆,并输出圆相关数据,如圆是否存在、圆中心点坐标、圆半径、拟合误差等。

6. 模块算法运行步骤

(1)在圆环形的 ROI 内自动设置卡尺区域。如图 5 - 1(a)和(b)中粗实线围合的环形区域即 ROI,虚线矩形即卡尺区域。

(2)在卡尺区域内提取目标的边缘点。如图 5 - 1(b)和(c)中黑色"×"形所示的点。

(3)将提取到的边缘点集拟合为圆,即图 5 - 1(d)中所示的黑色圆。

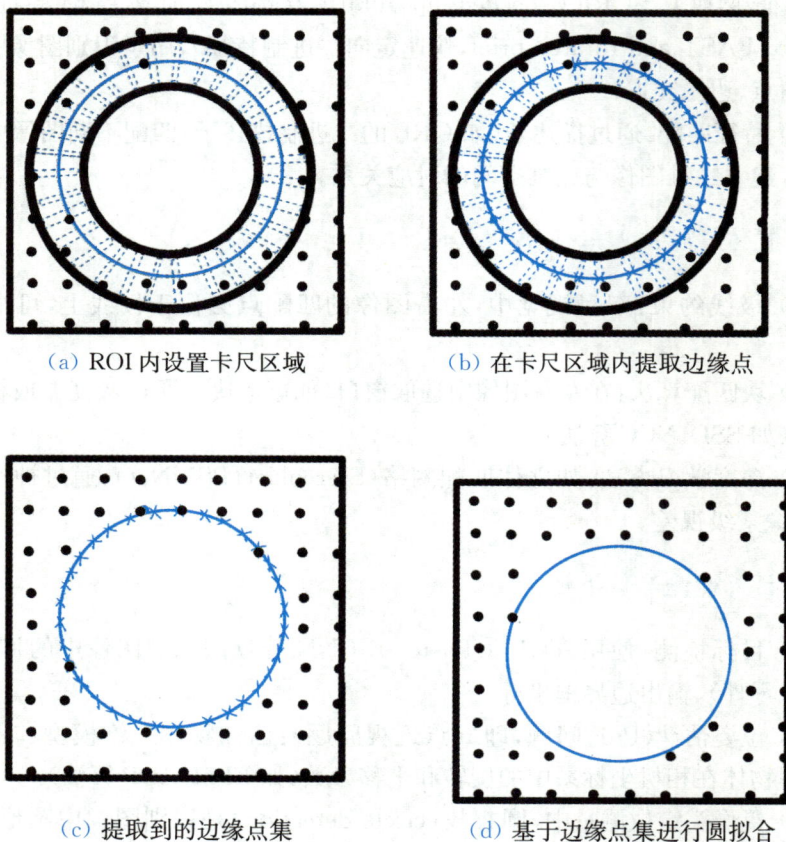

(a) ROI 内设置卡尺区域　　　　　　(b) 在卡尺区域内提取边缘点

(c) 提取到的边缘点集　　　　　　(d) 基于边缘点集进行圆拟合

图 5-1　模块算法运行图示

7. 使用方法

在流程中,圆查找模块的前序模块通常为图像源。图像源为圆查找提供图像输入;后续模块可为逻辑工具模块(如脚本和数据集合),也可为其他模块,如图形生成模块中的圆拟合和测量模块中的点点测量。圆查找为后续模块提供定位到的圆信息。

在流程中调用圆查找模块后,该模块的主要配置步骤如下。

(1) 执行一次流程,使图像源将图像数据输出至圆查找。

(2) 在基本参数页签,选择 ROI 类型,并在图像上圆所在区域绘制 ROI。

(3) 根据业务需求指定下文参数配置中提及的卡尺数量、扇环半径、滤波尺寸等运行参数。

5.4　任务实施

1. 软件操作流程

圆圆测量模块通过测量两圆圆心连线长度实现两圆距离的测量,多用于工业生产中工件上圆孔与圆孔间的距离的测量,根据测量结果确认工件工艺是否合格等场景。

圆圆测量模块一般与圆查找模块配合使用。圆查找作为前序模块,通过圆查找定位到图像中需要测量的圆,并输出对应坐标数据给圆圆测量模块,圆圆测量模块通过订阅接收参数,过被查找圆的两个圆心作连线线段,连线线段长度即为两个圆之间的距离。

本次任务识别的对象:三圆模块(图 5-2)。

图 5-2　三圆模块

整体操作流程如图 5-3 所示。

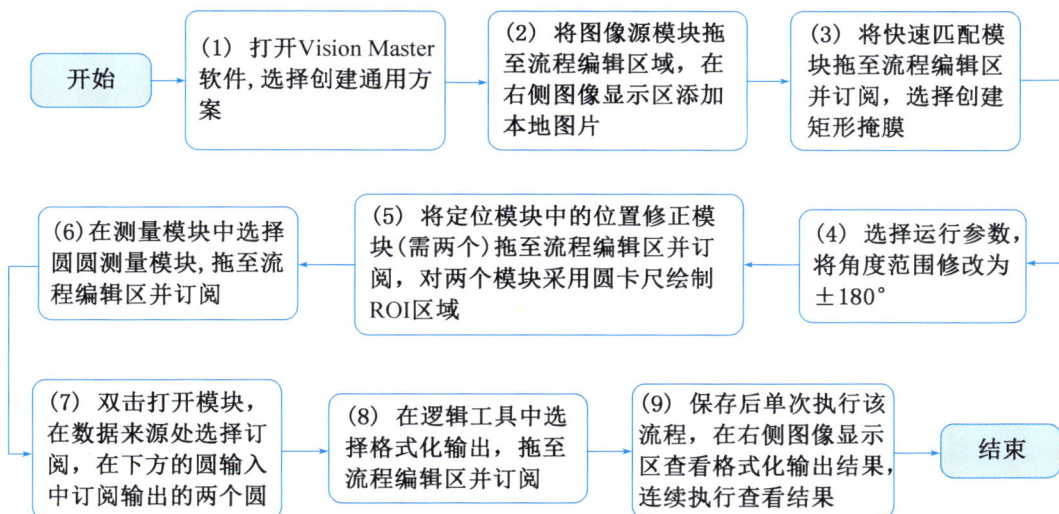

图 5-3　整体操作流程

2. 任务思考:科技赋能安防监控

由于城市化进程加快、公共安全需求升级、技术迭代加速以及复杂环境下的风险多元化,安防监控的重要性日益凸显(图 5-4)。本项目通过 Vision Master 平台开发的摄像头定位测量系统，从"看得见"升级为"测得准"，从"记录现场"进化到"预判风险"，通过技术创新，在安全保障领域实现从量变到质变的跨越。

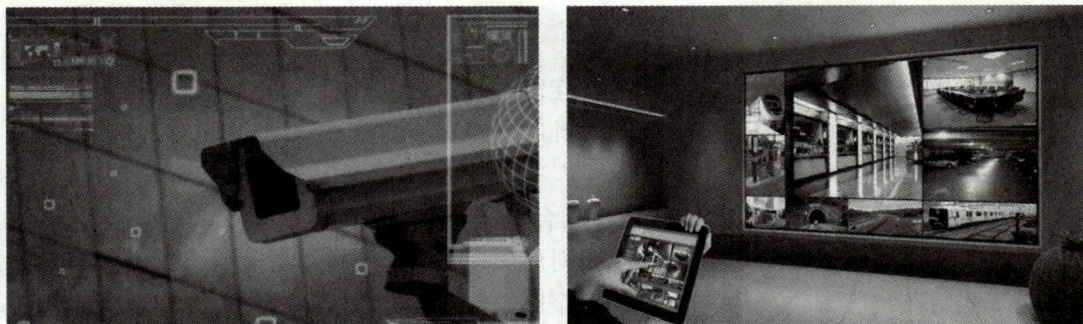

图 5－4　安防监控

3．实操作业

（1）作业说明

请扫码下载图源文件，利用任务中掌握的摄像头定位测量操作方法，对图源中的各类圆形目标进行自动化定位与测量。

（2）作业要求

精度为±0.01 mm，对多种角度、多种完整度圆形有一定检测鲁棒性，输出工程文档，做好操作记录，对失败案例进行分析并提出改进方案。

【微信扫码】
实操作业图源

项目3 机器视觉系统检测与应用

任务6 圆弧边缘缺陷检测

6.1 任务工单

工单编号	
提交日期	年　　月　　日
提交部门	生产质检部
紧急程度	□高　□中　□低
任务名称	圆弧边缘缺陷检测系统开发
任务背景	随着制造业智能化转型加速,工业圆形零部件(如橡胶密封垫片、金属轴承、印刷电路板定位环等)的表面缺陷检测面临严峻挑战。这类零件通常用于关键密封或精密配合场景,其边缘质量直接决定产品性能和使用寿命。传统人工目检存在三大痛点:检测标准不统一导致漏检率高;强光环境下人眼易疲劳产生误判;缺陷数据难以数字化追溯,需通过机器视觉技术实现自动化检测
核心功能	1. 检测圆弧边缘缺陷(断裂、凹陷、凸点、磨损) 2. 输出缺陷位置及类型信息至日志文件
性能指标	1. 缺陷识别准确率≥90%(轮廓清晰条件下) 2. 单件检测时间≤0.8 s
硬件配置	相机:MV-CS050-10GC(500万像素彩色面阵) 镜头:MVL-KF1628M-12MP(16 mm焦距,1 200万像素) 光源:MV-LBES-180-180-W(环形LED,输出200灰度) 工作距离:200～350 mm

软件流程	1. Vision Master 新建案例,配置图像源 2. 预处理:图像增强(可选降噪/对比度调整) 3. 圆弧定位:圆查找模块(配合"标准输入"功能) 4. 缺陷检测:圆弧边缘缺陷检测模块(设置卡尺数量、边缘极性、滤波尺寸) 5. 结果输出:缺陷坐标及类型记录至 CSV 文件(如缺陷类型:[凹陷]。位置:$[X=120,Y=80]$)
交付要求	1. Vision Master 工程文件(. vmproj) 2. 测试报告(含 5 组样本的缺陷检测截图、参数配置及耗时记录)
任务计划	硬件搭建→圆弧定位模块调试→缺陷检测参数优化→系统测试及文档整理
注意事项	1. 圆轮廓模糊时需开启"标准输入"功能 2. 抗噪能力不足时,优先调整"滤波尺寸"或"边缘阈值" 3. ROI 外圆需大于待检测圆弧边缘

6.2　任务学习目标

➤ 知识目标

1. 掌握机器视觉中圆弧边缘缺陷检测的原理与方法。

2. 熟悉 Vision Master 软件中圆弧边缘缺陷检测工具的操作流程。

➤ 技能目标

1. 能够根据工业需求,完成圆弧边缘缺陷检测系统的硬件选型与搭建。

2. 能够灵活调整检测参数(如卡尺数量、边缘阈值、滤波尺寸),优化缺陷识别精度。

➤ 素质目标

1. 具备严谨的工作态度,注重细节确保结果准确性。

2. 能够独立分析缺陷检测中的问题,并且提出有效的解决方案。

6.3　相关知识

　　圆弧边缘缺陷检测是机器视觉领域的重要应用,主要用于检测圆形或弧形工件的边缘缺陷,如裂纹、毛刺、凹陷、凸起等。该技术通过高精度成像和智能算法,实现对工件质量的自动化检测,广泛应用于制造业的质量控制环节。

1. 卡尺法(caliper method)

　　在圆弧边缘均匀分布多个卡尺(测量工具),通过对比相邻卡尺的中心点坐标(X、Y、角度)偏移量,判断是否存在缺陷。

　　若偏移量超过预设阈值,则判定为缺陷。

2.图像处理流程

（1）图像采集：使用工业相机拍摄工件图像。

（2）预处理：降噪、对比度增强、边缘锐化。

（3）圆弧定位：通过圆查找（circle finding）算法确定圆弧位置。

（4）边缘检测：提取边缘轮廓，分析连续性。

（5）缺陷判定：根据预设规则（如阈值、形状）输出结果。

（6）在流程中，圆弧边缘缺陷检测模块的前后序模块详情如表 6-1 所示。

表 6-1　前后序模块

前后序模块	描述
前序模块	通常为图像源，为圆弧边缘缺陷检测提供图像输入。前序模块还可包括圆查找，以实现更精确的目标定位
后序模块	无特定要求

3.圆弧边缘缺陷检测运行参数

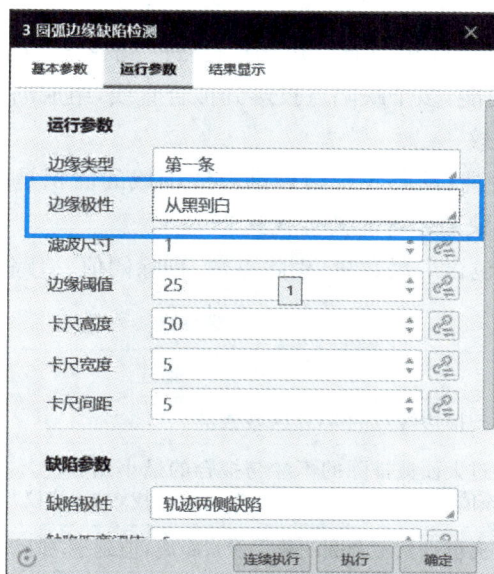

图 6-1　运行参数界面

（1）边缘类型：可选最强、最后一条、第一条。最强，只检测扫描范围内梯度最大的边缘点集合并拟合成圆；最后一条，只检测扫描范围内与圆心距离最大的边缘点集合并拟合成圆；第一条，只检测扫描范围内与圆心距离最小的边缘点集合并拟合成圆。

（2）边缘极性：有从白到黑、从黑到白、任意三种选择。从黑到白，即从灰度值低的区域过渡到灰度值高的区域的边缘；从白到黑，从灰度值高的区域过渡到灰度值低的区域的边缘；任意，两种边缘均被检测。

（3）滤波尺寸：用于增强边缘和抑制噪声，最小值为1。当边缘模糊或有噪声干扰时，增大该值有利于使检测结果更加稳定，但如果边缘与边缘之间距离小于滤波尺寸，反而会影响边缘位置的精度甚至丢失边缘，该值需要根据实际情况设置。

（4）边缘阈值：边缘阈值即梯度阈值，范围为0～255，只有边缘梯度阈值大于该值的边缘点才能被检测到。数值越大，抗噪能力越强，得到的边缘数量越少，甚至导致目标边缘点被筛除。

（5）卡尺高度：在ROI中环形分布若干个边缘点查找ROI，该值描述扫描边缘点查找ROI的区域高度。当边缘查找不准确时可适当增大该值。

（6）卡尺宽度：在一定范围内增大该值可以获取更加稳定的边缘点。

（7）卡尺间距：在ROI中环形分布若干个边缘点查找ROI，每个ROI之间的像素间距即为卡尺间距。

（8）缺陷极性：有轨迹左侧、右侧和轨迹两侧三种极性。沿着检测框BOX的方向看，检测边缘的左侧为轨迹左侧，其他的依次对应。

（9）缺陷距离阈值：边缘点距离拟合直线的距离，若距离大于阈值，则判定为待筛选缺陷点，若尺寸或面积使能打开，则需要进一步根据对应阈值进行筛选。

（10）缺陷尺寸使能：多个缺陷点投影到拟合直线，组成的像素尺寸大于阈值，则判定为缺陷尺寸生效。

（11）缺陷面积使能：缺陷轮廓与标准直线围成的面积是缺陷面积，缺陷面积在使能设置范围内的缺陷才可能被查找到。

（12）高级参数：包含卡尺数量、剔除点数、剔除阈值、追踪容忍度，见表6-2。

表6-2　高级参数

参数	描述
卡尺数量	用于扫描边缘点的ROI区域数量
剔除点数	误差过大而被排除的不参与拟合的最小点数量。一般情况下，离群点越多，该值应设置越大，为获取更佳的查找效果，建议与剔除距离结合使用
剔除阈值	允许离群点到拟合圆的最大像素距离，值越小，排除点越多
追踪容忍度	边缘追踪所允许偏移的最大像素

4. 最新研究进展

（1）AI技术应用

① YOLOv8缺陷分类（mAP@0.5＝92.3％）。

② 生成对抗网络（generative adversarial networks，GAN）数据增强。

（2）3D 检测技术

① 结构光扫描（精度为 5 μm）。

② 点云曲率分析。

圆弧边缘缺陷检测技术通过高精度硬件和智能算法的结合，显著提升了工业质检的效率和准确性。未来随着 AI 和 3D 视觉的发展，该技术将进一步推动智能制造的质量控制水平。

6.4　任务实施

1. 软件操作流程

【微信扫码】
任务操作视频

圆弧边缘缺陷检测的主要检测途径是在圆弧上自动创建一定数量的卡尺，比对相邻卡尺中部分圆弧中心点 X 轴、Y 轴和角度偏移，并根据预设的阈值大小判断缺陷是否成立。

本次任务识别的对象：印刷圆弧（图 6-2）。

图 6-2　印刷圆弧

整体操作流程如图 6-3 所示。

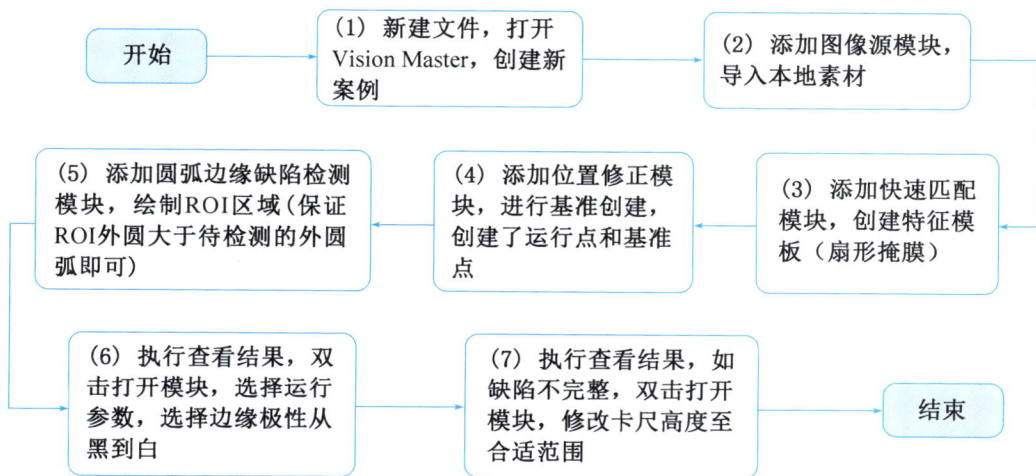

```
开始 → (1) 新建文件，打开 Vision Master，创建新案例 → (2) 添加图像源模块，导入本地素材
                                                                              ↓
(5) 添加圆弧边缘缺陷检测模块，绘制ROI区域（保证ROI外圆大于待检测的外圆弧即可）  ←  (4) 添加位置修正模块，进行基准创建，创建了运行点和基准点  ←  (3) 添加快速匹配模块，创建特征模板（扇形掩膜）
   ↓
(6) 执行查看结果，双击打开模块，选择运行参数，选择边缘极性从黑到白 → (7) 执行查看结果，如缺陷不完整，双击打开模块，修改卡尺高度至合适范围 → 结束
```

图 6-3　整体操作流程

2. 任务思考：科技赋能智能制造质检

随着工业 4.0 时代的到来，机器视觉技术在质量检测领域的重要性日益凸显（图 6-4）。本项目中通过 Vision Master 平台开发的圆弧边缘缺陷检测系统，完美诠释了技术创新如何推动传统制造业的智能化转型。这种对技术精益求精的职业态度，正是推动传统产业智能化转型的关键力量，也印证了每个从业者的专业贡献都能为行业升级注入动能。

图 6-4　智能制造质检

3. 实操作业

（1）作业说明

请扫码下载图源文件，利用任务中掌握的圆弧边缘缺陷检测操作方法，对图源中的各类带有边缘缺陷的圆形目标进行自动化定位与测量。

【微信扫码】
实操作业图源

（2）作业要求

对多种角度、多种缺陷圆形有一定检测鲁棒性，输出工程文档，做好操作记录，对失败案例进行分析并提出改进方案。

任务 7　仪表盘缺陷检测

7.1　任务工单

工单编号	
提交日期	年　　月　　日
提交部门	智能制造质检部
紧急程度	□高　□中　□低
任务名称	仪表盘缺陷检测系统开发
任务背景	在工业自动化领域,仪表盘涂层缺陷(划痕、缺损)直接影响工业设备数据读取准确性。传统人工目检方式存在检测效率低、漏检率高等问题,尤其对微小划痕(≤0.1 mm)和渐变式缺损难以准确识别。因此,需通过机器视觉技术实现自动化检测,替代人工目检
核心功能	1. 检测仪表盘涂层缺陷(划痕、缺损) 2. 支持仿射变换(剪裁缩放、平移、镜像)预处理 3. 输出缺陷位置及类型标记图像
性能指标	1. 检测准确率≥90％(标准光照条件下) 2. 单件检测时间≤0.8 s
硬件配置	相机:MV-CS050-10GC(500 万像素彩色面阵) 镜头:MVL-KF1628M-12MP(16 mm 焦距,1 200 万像素) 光源:MV-LBES-180-180-W(环形 LED,输出 200 灰度) 工作距离:200～350 mm
软件流程	1. Vision Master 新建案例,配置图像源模块 2. 仿射变换模块(剪裁缩放/平移/镜像)预处理 3. 图像运算模块增强缺陷特征 4. Blob 分析模块定位缺陷并输出结果
交付要求	1. Vision Master 工程文件(. vmproj) 2. 测试报告(含 5 组样本的缺陷检测结果截图及耗时记录)
任务计划	硬件搭建→仿射变换流程调试→缺陷检测算法优化→系统测试及文档整理
注意事项	1. 优先适配高温、振动环境下的仪表盘图像 2. 若检测效果不佳,需调整 Blob 分析的"面积阈值"或"对比度参数"

7.2 任务学习目标

➤ 知识目标

1. 掌握机器视觉行业中缺陷检测的方法。
2. 掌握 Vision Master 中仿射变换工具的操作方法。

➤ 技能目标

1. 能够根据项目需求,完成仪表盘检测系统的硬件选型与搭建。
2. 能够通过 Vision Master 软件配置缺陷检测流程。

➤ 素质目标

1. 具备独立分析缺陷检测问题的能力,如调整 Blob 参数优化检测效果。
2. 培养严谨的职业素养,确保检测结果符合工业精度要求。

7.3 相关知识

仪表盘缺陷检测主要的检测目标是划痕、涂层缺损、污渍、裂纹等。检测的目标是确保仪表盘表面无影响数据读取的物理缺陷。

1. 仿射变换(图像预处理)

通过仿射变换模块可对图像进行裁剪缩放、镜像翻转和平移处理。仿射变换模块的仿射算法类型包括剪裁缩放、平移和镜像。

(1)剪裁缩放
剪裁缩放算法工作流程如图 7-1 所示。

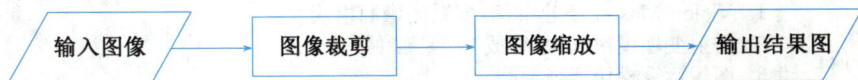

图 7-1 算法工作流程

① 进行图像裁剪。即先计算 ROI 内目标物体的最小外接矩形,再将外接矩形内的图像裁剪出来,如图 7-2 所示。裁剪后图像的宽高和最小外接矩形宽高对应。若外接矩形一部分在图像外部,则需要根据预设的填充方式和填充值进行填充。

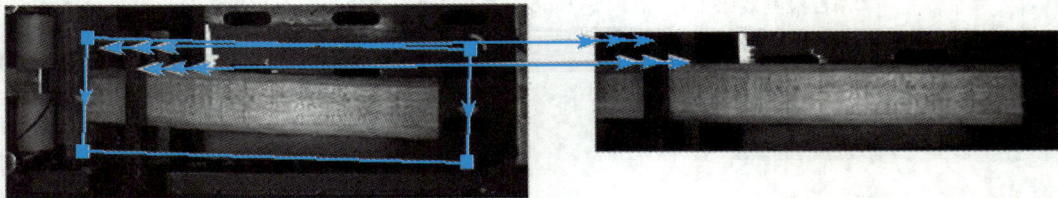

图 7-2 像素对应示意图

② 进行图像缩放。即缩放需要输出的目标图像尺寸,计算公式如下:

$$DstH = CropH * scale$$

$$DstW = CropW * scale * aspect$$

其中 CropH、CropW 表示裁剪后图像的高度和宽度;DstH、DstW 表示输出目标图像的高度和宽度;scale 表示设置的裁剪缩放的尺度;aspect 表示设置的宽高比。

（2）平移

平移,包括 x 和 y 方向平移,实现原理为将像素矩阵整体向 x 或 y 方向平移,移动区域使用 0 填充(图 7-3)。

a	b	c	d
e	f	g	h
i	j	k	l

0	0	0	0
a	b	c	d
e	f	g	h

上下平移(往下平移1个像素)

0	a	b	c
0	e	f	g
0	i	j	k

左右平移(往右平移1个像素)

图 7-3 图像平移原理

（3）镜像

镜像,包括水平镜像、垂直镜像、水平垂直镜像。

水平镜像指将输入图像的像素矩阵左右翻转;垂直镜像指将像素矩阵上下翻转,镜像原理示意图如图 7-4 所示。水平垂直镜像表示先水平镜像后垂直镜像。

a	b	c	d
e	f	g	h
i	j	k	l

d	c	b	a
h	g	f	e
l	k	j	i

左右翻转

i	j	k	l
e	f	g	h
a	b	c	d

上下翻转

图 7-4 镜像原理示意图

2. 图像运算（增强缺陷特征）

（1）常用操作：灰度化、滤波降噪、边缘增强（如 Sobel 算子）。

（2）目的：突出划痕或缺损的对比度。

3. Blob 分析（二值大对象分析，binary large object analysis）（缺陷定位）

（1）面积阈值：过滤微小噪点。

（2）对比度阈值：区分缺陷与背景。

（3）输出：缺陷坐标、面积、轮廓标记。

本任务针对仪表盘的涂层缺陷（划痕、缺损）做检测，采用 Vision Master 软件图形化流程配置预处理，并结合仿射变换模块完成。

通过此次任务，将学会仿射变换模块、图像运算模块的操作方法。同时，锻炼学生机器视觉系统的搭建能力、Vision Master 软件的应用能力。

在自动化行业内，该技术具有提升精度、增强灵活性、增强效率等重大意义。

7.4　任务实施

1. 软件操作流程

仿射变换在流程中的前序模块为图像源。执行一次流程后即可对图像源模块输入的图像进行仿射变换。

本次任务识别的对象：仪表盘（图 7-5）。

【微信扫码】
任务操作视频

图 7-5　仪表盘

整体操作流程如图 7-6 所示。

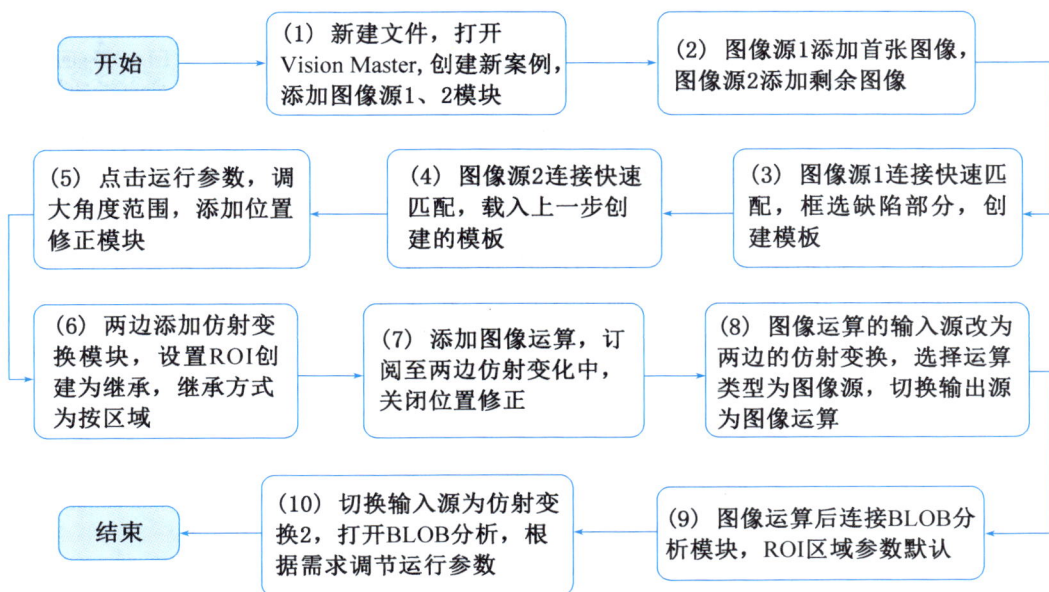

图 7-6　整体操作流程

2. 任务思考:技术赋能质量检测(图 7-7)

在工业生产中,仪表盘缺陷检测技术的应用,不仅提升了产品合格率,更体现了从业者对工艺精益求精的追求。这种将技术能力与责任意识相结合的工作方式,正是推动制造业质量升级的重要力量,也印证了每个技术细节的完善都能为行业进步带来实质贡献。

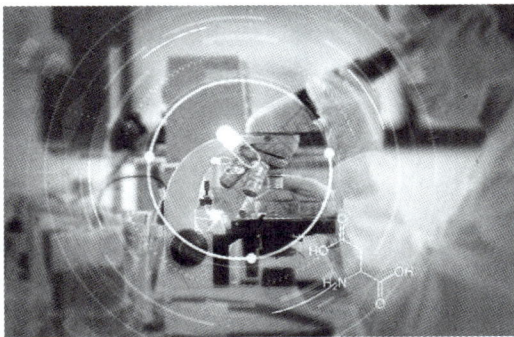

图 7-7　质量检测

3. 实操作业

（1）作业说明

请扫码下载图源文件，利用任务中掌握的仪表盘缺陷检测操作方法，对图源中的工业仪表盘缺陷进行自动化检测。

【微信扫码】
实操作业图源

（2）作业要求

完成多次识别，准确度＞95％，对不同类型工业仪表盘有一定应用鲁棒性，输出工程文档，做好操作记录，对失败案例进行分析并提出改进方案。

任务 8 字符缺陷检测

8.1 任务工单

工单编号	
提交日期	年 月 日
提交部门	工业自动化部
紧急程度	□高 □中 □低
任务名称	印刷字符缺陷检测系统开发
任务背景	工业生产线中印刷字符(如序列号、批次号)的完整性直接影响产品质量追溯。当前因印刷设备老化,字符缺陷(凹坑、缺损)问题频发,需通过机器视觉技术实现自动化检测,替代人工目检。该系统特别适用于汽车零部件、电子元器件等高标准制造领域,可降低质量追溯成本,提升生产效率
核心功能	1. 检测印刷字符的缺陷类型(凹坑、缺损) 2. 输出缺陷位置及类别概率图(支持多分类) 3. 生成检测报告(含缺陷统计与图像标注)
性能指标	1. 缺陷检测准确率≥90%(标准光照条件下) 2. 单字符处理时间≤0.3 s 3. 支持最小缺陷尺寸 0.1 mm×0.1 mm
硬件配置	相机:MV-CS050-10GC(500 万像素彩色面阵) 镜头:MVL-KF1628M-12MP(16 mm 焦距,1 200 万像素) 光源:MV-LBES-180-180-W(环形 LED,输出 200 灰度) 工作距离:200～350 mm
软件流程	1. Vision Master 新建案例:配置图像源并设置 ROI 区域 2. 预处理:使用图像增强工具(如对比度调整)优化输入图像 3. 深度学习检测:加载 Vision Train 训练的 DL 图像分割模型(文件路径指定);启用 DL 图像分割 G 模块,设置运行参数(按 ROI 裁图、获取模型 ROI) 4. 结果输出:缺陷概率图及类别图生成;格式化输出(如缺陷类型:[凹坑],位置:[$X=120,Y=80$],置信度:92%)
交付要求	1. Vision Master 工程文件(.vmproj)及训练模型文件(.vmod) 2. 测试报告(含 20 组样本结果截图,标注缺陷位置及类别) 3. 操作手册(含软件参数配置说明及故障排查指南)
任务计划	硬件搭建与校准→样本数据采集与标注→Vision Train 模型训练→Vision Master 流程开发→系统联调与优化→文档整理交付

注意事项	1. 优先确保光照均匀性，避免反光干扰 2. 模型训练时需包含多样本缺陷类型（凹坑、缺损各≥50张） 3. 若ROI区域提取异常，检查DL图像分割G模块的"按ROI裁图"选项是否启用

8.2　任务学习目标

➤ 知识目标

1. 掌握机器视觉行业中字符缺陷识别的方法。
2. 掌握 Vision Master 中图像分割工具操作方法。

➤ 技能目标

1. 掌握 Vision Train 深度学习训练的操作方法。
2. 掌握 Vision Master 中 DL 图像分割 G 工具的操作方法。

➤ 素质目标

1. 能够与团队成员协作完成任务，培养团队协调能力。
2. 能够总结任务经验教训，培养自我反思能力。

8.3　相关知识

1. 表面丝印缺陷检测

表面丝印缺陷检测是指利用机器视觉技术（如高清工业相机、光学镜头、AI算法等）对产品外壳的丝网印刷（字符、二维码、图案等）（图8-1）进行自动化质量检测，识别并分类印刷过程中产生的各类缺陷，确保印刷内容符合质量标准。

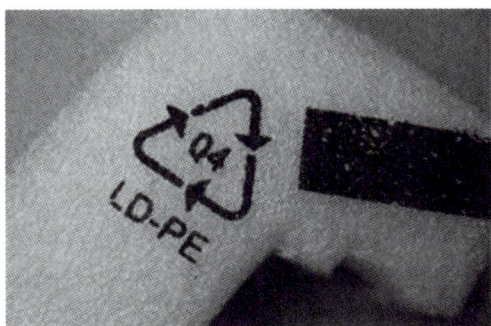

(a) 泡沫棉表面丝印　　　　　(b) 瓶盖字符丝印

(c) 标签字符丝印

图 8-1　表面丝印

常见缺陷类型见表 8-1。

表 8-1　常见缺陷类型及表现

缺陷类别	具体表现
印刷完整性缺陷	漏印、少印、断线、多印（多余墨迹）
印刷精度缺陷	字符偏移、图形错位、条码扭曲
外观质量缺陷	色差、墨点、污渍、划痕、晕染
功能性缺陷	二维码无法识别、字符误印（错料/混料）、序列号重复

2. 食品外包装喷码标识检测

食品外包装喷码标识检测是采用机器视觉技术对食品包装表面的喷码内容（包括生产日期、保质期、批次号、条码等）（图 8-2）进行自动化识别与质量检测的技术。该技术通过高精度图像采集和智能分析算法，确保喷码信息的完整性、清晰度和合规性。

图 8－2　食品生产日期喷码

　　食品外包装喷码标识检测技术可检测喷码的完整性、正确性、清晰度等多方面内容。如检测字符有无缺失、模糊、错位、歪斜，二维码是否可读等。一旦发现喷码存在质量问题，系统可及时发出警报，并联动生产线设备进行剔除处理，防止不合格产品流入市场。该技术不仅提高了检测效率和准确性，降低了人工成本，还保障了食品的可追溯性，为食品安全监管提供了有力支持，推动了食品行业的规范化和高质量发展。

8.4　任务实施

1. 软件操作流程

　　深度学习（deep learning，DL）图像分割，是表面缺陷检测的一种工具，适用于被测物表面的划痕、脏污、裂纹等可标注缺陷的检测，支持多分类缺陷任务。经过深度学习图像分割模块处理后，可输出缺陷概率图及类别图，能精确地显示出缺陷位置及类别。若打标训练的缺陷类别有多个，可输出多张概率图。

【微信扫码】
任务操作视频

　　DL 图像分割模块通常应用于缺陷检测、目标提取、场景分割等应用场景；尤其在一些目标小、特征不明显的场景下，该模块具有一定的优势。其中，缺陷检测是指对物体表面缺陷的检测，如斑点、凹坑、划痕、色差、缺损等；目标提取是指在单幅画像或序列画像中将感兴趣的目标与背景分割开，从图像中识别出实体以及提取不同的图像特征。

　　本次任务识别的对象：印刷字符（图 8－3）。

字　符

图 8－3　印刷字符

整体操作流程如图 8-4 所示。

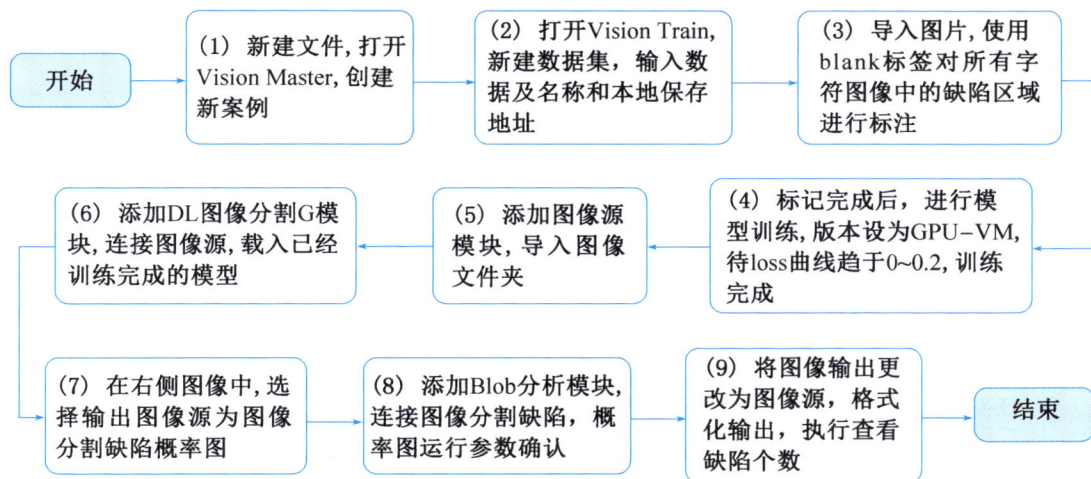

图 8-4　整体操作流程

2. 任务思考：机器视觉重塑质检未来

随着工业 4.0 时代的到来,机器视觉技术已成为制造业转型升级的核心驱动力。传统人工目检依赖肉眼识别字符缺陷,不仅效率低下,还易受主观因素干扰,而通过机器视觉与深度学习技术的融合应用,成功实现了自动化检测,将单字符处理时间压缩至 0.3 s 内,缺陷检测准确率提升至 90% 以上。这一突破不仅优化了生产流程,更显著降低了人工成本与误检率,为工业制造的智能化升级提供了技术支撑。科技赋能工业,职业态度铸就品质。未来,我们将继续以技术创新为引擎,以职业精神为基石,为制造业的高质量发展贡献力量。

3. 实操作业

(1) 作业说明

请扫码下载图源文件,利用任务中掌握的字符缺陷检测操作方法,对图源中的各类产品表面印刷的字符(如序列号、批次号、二维码)进行自动化检测。

【微信扫码】
实操作业图源

(2) 作业要求

多次测量,识别准确率＞95%,对各类产品表面印刷有一定应用鲁棒性,输出工程文档,做好操作记录,对失败案例进行分析并提出改进方案。

任务 9　胶囊缺陷检测

9.1　任务工单

工单编号	
提交日期	年　　月　　日
提交部门	制药自动化部
紧急程度	□高　□中　□低
任务名称	胶囊药丸数量检测系统开发
任务背景	在制药行业严格的质量管控体系下,胶囊灌装数量的准确性直接关系到用药安全与合规生产。现有灌装设备因机械磨损等原因,单板药品可能出现装量偏差(缺失或多装)。传统人工抽检(每批次抽检率≤5%)存在效率低、漏检风险高等问题,无法满足《药品生产质量管理规范》(good manufacturing practice, GMP)全程监控要求。基于机器视觉的自动化计数系统可实现在线全检,确保每板药品装量准确无误
核心功能	1. 检测药板中胶囊的准确数量(支持单板多区域检测) 2. 判断数量是否符合预设条件(如每板 10 粒) 3. 输出检测结果(合格或不合格)及异常位置标记
性能指标	1. 计数准确率≥99%(标准光照条件下) 2. 单板处理时间≤0.2 s 3. 支持胶囊最小间距≥2 mm 的密集排布场景
硬件配置	相机:MV-CS050-10GC(500 万像素彩色面阵) 镜头:MVL-KF1628M-12MP(16 mm 焦距,1 200 万像素) 光源:MV-LBES-180-180-W(环形 LED,输出 200 灰度) 工作距离:200～350 mm
软件流程	1. Vision Master 新建案例:配置图像源并设置 ROI 区域(覆盖药板有效区域) 2. 图像预处理:使用 Blob 分析模块,设置二值化阈值(推荐阈值:120～180);启用孔洞填充(面积阈值≤5 像素)及 8 连通域提取 3. 胶囊计数与筛选:按面积(预设范围:50～200 像素^2)筛选有效胶囊 Blob;通过条件检测模块判断数量是否符合预设值(如=10) 4. 结果输出:输出二值化图像及 Blob 标记图;格式化结果(如药板 ID:[A001],实际数量:[9],状态:[不合格])
交付要求	1. Vision Master 工程文件(.vmproj)及参数配置文件(.json) 2. 测试报告(含 30 组样本结果截图,标注异常药板及计数详情) 3. 操作手册(含 Blob 参数调整指南及干扰排除方法)
任务计划	硬件安装与标定→样本图像采集与阈值优化→Blob 分析流程开发→条件检测逻辑配置→系统联调与压力测试→文档交付

（续表）

注意事项	1. 确保光源均匀性，避免胶囊反光导致二值化误差 2. 干扰模型（如药板边缘文字）需通过"橡皮擦"工具擦除或调整 ROI 排除 3. 若胶囊粘连，需优化二值化阈值或启用形态学分割（如开运算）

9.2　任务学习目标

➤ 知识目标

1. 熟悉 Blob 分析的六项基本流程。
2. 熟悉在 Vision Master 中做胶囊检测的基本流程。

➤ 技能目标

1. 掌握 Vision Master 中 Blob 分析模块的操作方法。
2. 掌握 Vision Master 中条件检测模块的操作方法。

➤ 素质目标

1. 能够灵活运用专业知识培养理论与实践结合的能力。
2. 能够识别潜在风险并及时反馈，培养风险防控能力。

9.3　相关知识

1. 胶囊视觉检测

胶囊视觉检测是运用机器视觉技术，通过如盈泰德科技有限公司研发的机器视觉胶囊在线检测系统，利用模式匹配与颜色识别等手段，借助胶囊图像采集装置将待检测胶囊经落料口、转盘、传送链条等流程，在光源频闪照明下由工业相机捕捉图像，经模拟数字转换器（A/D 转换器）转换为数字图像后进行预处理、特征提取、分类识别，依据算法分析对胶囊不同破损和磨损程度进行判定，对不合格包装发出报警或剔除，对有缺陷胶囊进行剔除，以保障胶囊质量，提高生产效率并降低企业成本（图 9-1）。

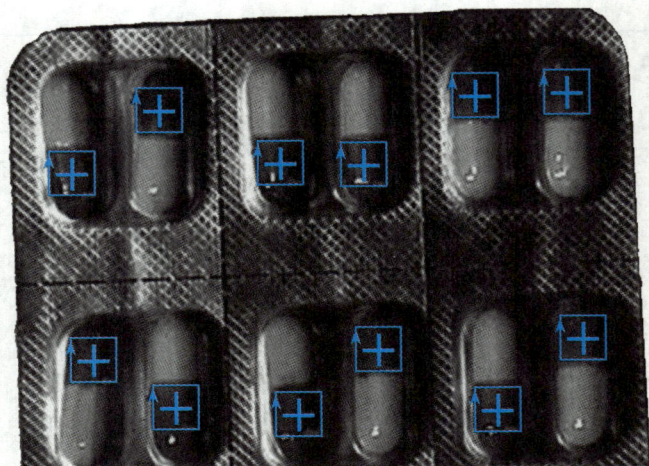

图 9-1 胶囊视觉检测技术的应用

2. 胶囊视觉检测原理

将待检测的胶囊倒入落料口,当胶囊从入口置于转盘上时,转盘负责将胶囊一颗颗地分开,放置于胶囊槽。这时的传送链条处于不断转动的状态,由于光电传感器会探测传送链条的转动情况,故而胶囊在经过指定的传送位置时,光源会对其频闪照明。此时的工业相机也会开始捕捉胶囊图像,并将采集的图像数据传递到个人计算机(PC 机)的内存中,经 PC 机上安装的胶囊检测系统来对胶囊图像进行缺陷判定。当胶囊的判决结果为有缺陷时,输出气打信号,将存有问题的胶囊打入存放不合格胶囊的次品箱,而通过检测的胶囊会进入存放合格品的正品箱。胶囊视觉检测原理图如图 9-2 所示。

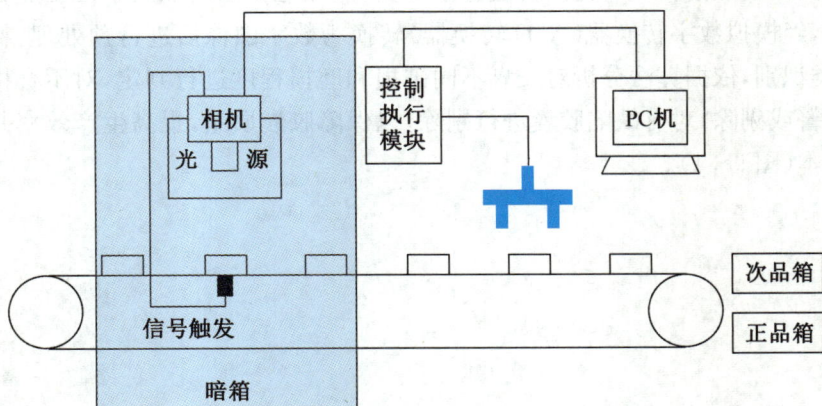

图 9-2 胶囊视觉检测原理示意图

在整个图像处理过程中,首先要通过电荷耦合器件(charge-coupled device,

CCD)图像传感器获取图像,并将图像转换为计算机或微处理器能够识别且运行的数字信号,这样通过 A/D 转换器将胶囊图像转换为数字图像。获取到图像后对胶囊进行预处理(滤波、图像增强等)、胶囊图像的特征提取、分类识别。胶囊 3 个待检测部位如图 9-3 所示。

对于检测到的不合格胶囊,检测系统向 PLC 发送信号,表示检测到残损胶囊,需要剔除继电器工作将不合格产品放入废品槽。

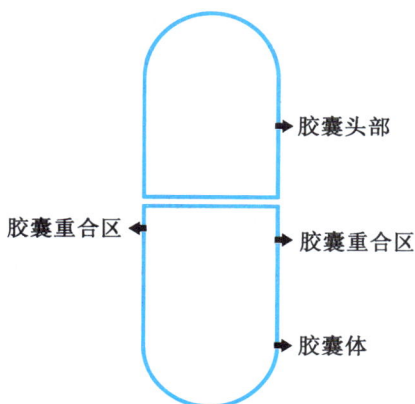

图 9-3　胶囊 3 个待检测部位

9.4　任务实施

1. 软件操作流程

胶囊检测项目中,条件检测模块通过 Blob 分析模块得出胶囊个数,并通过条件设置判断胶囊个数是否满足预设的条件,最终输出判断结果。

本次任务识别的对象:胶囊药丸(图 9-4)。

【微信扫码】
任务操作视频

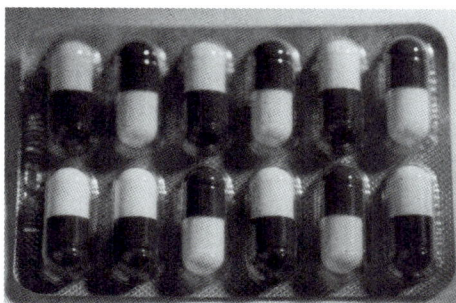

图 9-4　胶囊药丸

整体操作流程如图 9-5 所示。

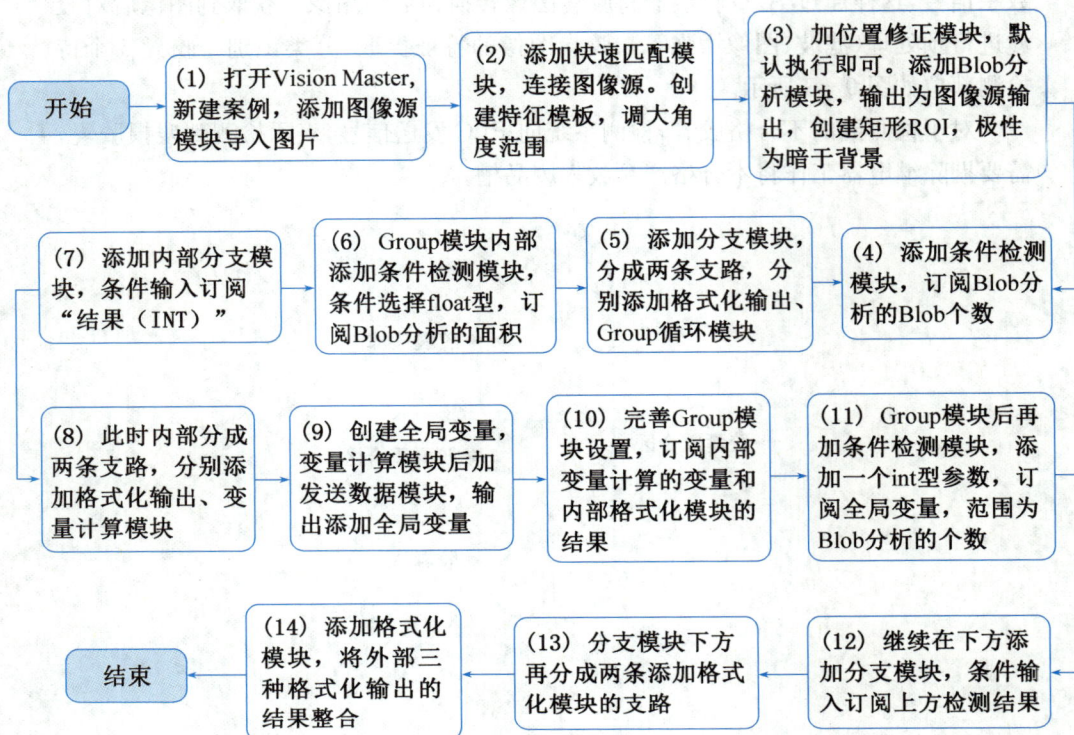

图 9-5　整体操作流程

2. 任务思考:科技护航医药,态度铸就品质

在医药行业,胶囊药丸数量检测系统的开发,是科技与职业态度完美融合的生动体现。随着医药行业对药品质量与安全要求的不断提高,传统的人工抽检方式已难以满足高效、精准的生产需求。在此背景下,依托 Vision Master 软件,成功开发出胶囊药丸数量检测系统,这不仅是对科技创新的积极响应,更是对医药行业高质量发展的有力支撑。同时,技术职业态度也对行业的影响深远。正是这种对技术的执着追求与对职业的敬畏之心,为医药行业提供了一套高效、可靠的胶囊药丸质量检测解决方案。

3. 实操作业

(1)作业说明

请扫码下载图源文件,利用任务中掌握的胶囊检测操作方法,对图源中的各类胶囊产品情况进行自动化检测。

【微信扫码】
实操作业图源

（2）作业要求

多次测量，识别准确率＞95％，对不同规格不同包装颜色的胶囊有一定应用鲁棒性，输出工程文档，做好操作记录，对失败案例进行分析并提出改进方案。

项目 4　机器视觉系统图像处理与应用

任务 10　瓶底字符识别

10.1　任务工单

工单编号	
提交日期	年　　月　　日
提交部门	质量检测部
紧急程度	□高　　□中　　□低
任务名称	瓶底字符识别系统开发
任务背景	为提升饮料、化妆品、药品等行业的生产线自动化水平,需通过机器视觉技术实现瓶底字符的自动识别。任务目标是从瓶底图像中提取并识别字符信息(如生产日期、批次号、序列号等),并将识别结果输出或存储,从而替代传统人工检测方式,提高效率和准确性
核心功能	1. 图像采集:清晰捕捉瓶底字符区域 2. 字符识别:字符区域定位与分割,字符识别与结果输出 3. 结果输出:格式化显示识别结果(如生产日期、批次号等)
性能指标	1. 识别准确率:≥98%(基于 500 万像素相机及标定参数) 2. 单次识别时间:≤0.5 s(从图像采集到结果输出) 3. 重复性误差:≤1%(同一瓶底连续 10 次识别结果标准差)
硬件配置	样品:瓶子(若干) 相机:MV-CS050-10GC(500 万像素彩色面阵) 镜头:MVL-KF1628M-12MP(16 mm 焦距,1 200 万像素) 光源:MV-LBES-180-180-W(环形 LED,输出 200 灰度) 工作距离:250 mm

(续表)

软件流程	1. 图像源：导入或实时采集瓶底图像 2. 图像预处理：几何变换、形态学处理等模块优化字符区域 3. 字符识别模块：训练阶段——框选目标字符区域，提取字符特征，生成字符库；识别阶段——设定检测区域，自动分割并识别字符 4. 结果输出：生成包含字符识别结果的结构化报告
交付要求	1. 工程文件：Vision Master 流程文件(.vmproj)及参数配置文档 2. 测试报告：10 组样本识别结果(含截图及数据表格)，重复性测试记录(均值、标准差) 3. 字符库文件：训练生成的字符库文件(如.xml 或.db 格式)
任务计划	1. 硬件搭建(0.5 天)：安装相机、镜头、光源，调整工作距离 2. 软件调试(1.5 天)：图像预处理参数优化(几何变换、形态学处理)，字符识别模块训练与测试(字符库生成、识别参数调整) 3. 系统测试(1 天)：重复性测试与误差分析 4. 文档整理(0.5 天)：提交最终报告与工程文件
注意事项	1. 光源稳定性：确保瓶底字符区域光照均匀，避免反光或阴影干扰 2. 字符库训练：训练样本需覆盖所有可能字符类型(如数字、字母等)，确保识别准确性 3. 异常处理：若字符模糊或变形，需调整图像预处理参数(如滤波尺寸、二值化阈值)

10.2　任务学习目标

➤ 知识目标

1. 掌握机器视觉行业中字符识别的方法。
2. 掌握 Vision Master 中字符识别工具操作方法。

➤ 技能目标

1. 能基于 Vision Master 实现字符识别全流程开发与优化。
2. 能进行系统性能测试与异常处理。

➤ 素质目标

具备独立解决机器视觉技术问题的能力，形成严谨的工程文档习惯。

10.3　相关知识

瓶底字符识别是利用机器视觉技术，从瓶底图像中自动提取并识别字符信息（如生产日期、批次号、序列号等）的技术。其广泛应用于饮料、化妆品、药品等行业的生产线，以替代传统人工检测，提升自动化水平和检测效率与准确性。

1. 硬件采集图像

（1）相机成像

选用 MV-CS050-10GC 这种 500 万像素彩色面阵相机。高像素使得瓶底字符成像更清晰，能够捕捉到字符的细节信息，为后续的识别提供清晰的图像基础。

（2）镜头聚焦

选用 MVL-KF1628M-12MP 镜头，16 mm 焦距配合 1 200 万像素，可以对瓶底特定区域进行聚焦，让字符清晰成像在相机的成像面上。例如，当瓶子在流水线上移动时，镜头能确保瓶底字符始终处于清晰成像状态，避免出现模糊的情况。

（3）光源补光

选用 MV-LBES-180-180-W 环形 LED 光源，输出 200 灰度。它能均匀照亮瓶底字符区域，避免出现反光或阴影。比如，在光线较暗的生产车间，光源可以为相机采集图像提供稳定且均匀的光照条件，保证采集到的图像中字符清晰可辨，不会因为光照问题而丢失信息。

2. 软件处理图像与识别字符

（1）图像预处理

图像预处理是指通过几何变换，如旋转、平移、缩放等操作，将采集到的瓶底图像调整到合适的角度和尺寸，使字符区域更加规整。形态学处理中的腐蚀和膨胀操作，可以去除图像中的噪声点，增强字符的边缘，突出字符特征。例如，去除瓶底图像上可能存在的一些微小污渍或干扰点，让字符更加清晰。

（2）字符识别训练阶段

在设定的训练区域内，利用自适应分割技术将连续的字符分割成单个字符；然后针对每个字符提取其特征信息，如字符的轮廓、笔画走向、灰度分布等；同时，根据输入的字符信息（如数字、字母等真实字符内容），利用分类器进行训练，将这些特征信息存储起来生成字符库的阶段即为字符识别训练阶段。这就好比让系统认识各种字符的样子，建立一个字符的"记忆库"。

（3）字符识别阶段

在图像预处理后，设定检测区域。工具会自动对检测区域内的字符进行分割和特征提取，然后将提取到的单个字符特征与训练生成的字符库中的特征进行距离度量计算。通过分类器的判断，输出识别结果。此过程即为字符识别。比如输入一个瓶底图像，系统会把图像中的字符与字符库中的字符特征进行对比，找出最匹配的字符，从而识别出瓶底的生产日期、批次号等信息。

（4）结果输出

识别完成后，将识别结果按照特定格式进行输出（图 10-1），如格式化显示生产日期、批次号等信息，并生成结构化报告。这个报告可以方便工作人员查看和管理识别结果,也便于与其他生产管理系统进行数据交互。

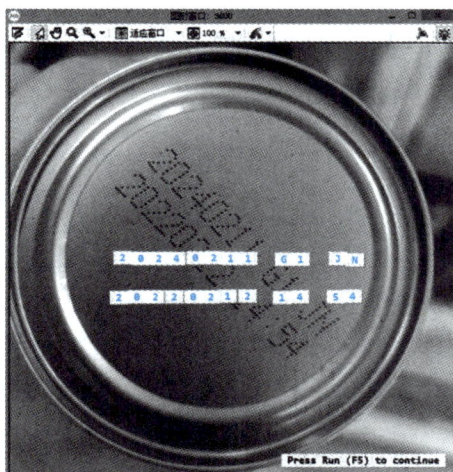

图 10 - 1 瓶底字符识别结果

10.4 任务实施

1. 软件操作流程

字符识别模块是通过字库训练达到识别图片中字符的效果,无需深度学习训练。该模块常用于字符种类较少、字符位置较稳定且成像清晰的识别场景。

该模块无固定搭配使用模块,可搭配几何变换、形态学处理等图像处理模块对字符效果优化。将字符清晰的图片输入至字符识别模块,字符识别模块会输出第一可能识别结果和候选识别结果,默认读取第一可能结果,成功提取字符后输出至后序模块。

本次任务识别对象:瓶底字符(图 10 - 2)。

图 10 - 2 瓶底字符

整体操作流程如图 10-3 所示。

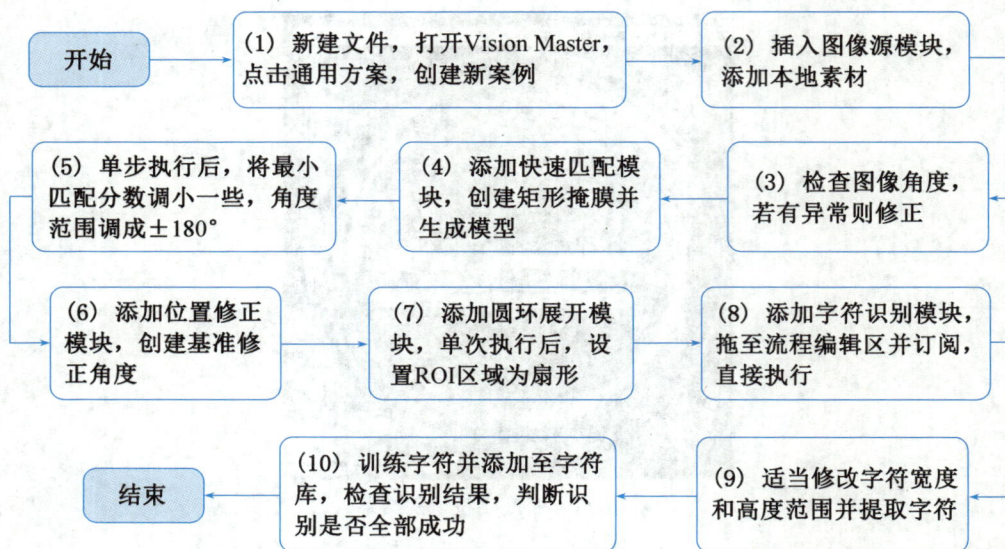

```
┌──────────┐    ┌─────────────────────┐    ┌─────────────────────┐
│   开始    │───▶│ (1) 新建文件，打开Vision Master，│───▶│ (2) 插入图像源模块，  │
└──────────┘    │     点击通用方案，创建新案例 │    │     添加本地素材      │
                └─────────────────────┘    └─────────────────────┘
                                                        │
┌─────────────────────┐  ┌─────────────────────┐  ┌─────────────────────┐
│ (5) 单步执行后，将最小 │◀─│ (4) 添加快速匹配模 │◀─│ (3) 检查图像角度，  │
│     匹配分数调小一些，角度 │  │     块，创建矩形掩膜并│  │     若有异常则修正   │
│     范围调成±180°     │  │     生成模型        │  └─────────────────────┘
└─────────────────────┘  └─────────────────────┘
        │
┌─────────────────────┐  ┌─────────────────────┐  ┌─────────────────────┐
│ (6) 添加位置修正     │─▶│ (7) 添加圆环展开模 │─▶│ (8) 添加字符识别模块，│
│     模块，创建基准修 │  │     块，单次执行后，│  │     拖至流程编辑区并订阅，│
│     正角度          │  │     设置ROI区域为扇形│  │     直接执行         │
└─────────────────────┘  └─────────────────────┘  └─────────────────────┘
                                                        │
┌──────────┐  ┌─────────────────────┐  ┌─────────────────────┐
│   结束    │◀─│ (10) 训练字符并添加至字符│◀─│ (9) 适当修改字符宽度 │
└──────────┘  │     库，检查识别结果，判断识│  │     和高度范围并提取字符│
              │     别是否全部成功    │  └─────────────────────┘
              └─────────────────────┘
```

图 10-3　整体操作流程

2. 任务思考：科技赋能医学

瓶底字符识别实现了自动化识别，医学也可开发类似的智能诊断辅助系统。如借助深度学习算法，对大量标注的医学影像数据进行训练，可构建疾病诊断模型。就像瓶底识别系统学习不同字符特征一样，诊断模型学习各类疾病影像特征，辅助医生快速准确地判断病情（图 10-4）。如眼底图像中糖尿病视网膜病变的自动诊断系统，可帮助眼科医生提高诊断效率和准确性。

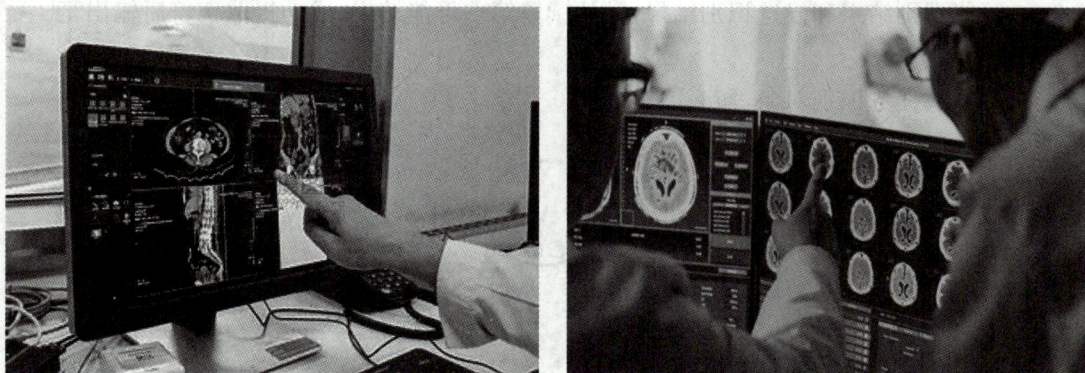

图 10-4　医学影像识别

3．实操作业

（1）作业说明

　　请扫码下载图源文件，利用任务中掌握的瓶底字符识别操作方法，基于 Vision Master 软件，对给定的一组包含不同角度和光照条件下的快递单号图片进行字符识别。

【微信扫码】
实操作业图源

（2）作业要求

　　完成硬件选型及系统搭建（若涉及虚拟硬件，简要说明选型依据），并详细描述软件操作步骤，包括各模块参数设置及调整过程，最终实现准确识别快递单号并格式化输出。输出工程文档，做好操作记录，对失败案例进行分析并提出改进方案。

任务 11　彩色方块计数

11.1　任务工单

工单编号	
提交日期	年　　月　　日
提交部门	工业自动化部
紧急程度	□高　□中　□低
任务名称	彩色方块计数系统开发
任务背景	生产线上的产品包装使用不同颜色的方块(如红、绿、蓝)作为标识,当前主要依赖人工进行计数和颜色分类,效率低且易出错。需通过机器视觉技术实现自动化彩色方块检测与计数,提升准确性和生产效率
核心功能	1. 检测与分类:识别图像中的彩色方块(支持多颜色分类,如红、绿、蓝、黄等) 2. 数量统计:输出每种颜色方块的数量及位置坐标 3. 结果可视化:生成标注图像(框出方块并标记颜色类别)及统计报告
性能指标	1. 颜色分类准确率≥95%(标准光照条件下) 2. 单图像处理时间≤0.2 s(分辨率为 2 000×2 000 内) 3. 最小检测尺寸 2 mm×2 mm(工作距离内)
硬件配置	相机:MV-CA020-10GM(200 万像素彩色面阵) 镜头:MVL-KF0820M-5MP(8 mm 焦距,500 万像素) 光源:MV-LBRS-100-100-W(环形 LED,白色漫射光) 工作距离:150~250 mm
软件流程	1. Vision Master 新建案例:配置相机图像源,设置 ROI 区域(排除背景干扰) 2. 预处理:使用色彩空间转换工具(如 RGB→HSV)分离颜色通道;应用形态学滤波(开运算)消除噪声 3. 深度学习检测:加载 Vision Train 训练的 DL 分类模型(. vmod 文件);启用 DL 分类模块,设置阈值(如颜色置信度≥85%) 4. 结果输出:生成标注图像(方块边界框+颜色标签);格式化统计结果(如红色:5;绿色:3;蓝色:2)
交付要求	1. 工程文件:Vision Master 项目文件(. vmproj)及训练模型文件(. vmod) 2. 测试报告:包含 20 组样本结果截图(标注方块位置及颜色),统计准确率 3. 操作手册:详细说明参数配置,常见问题解决方法
任务计划	硬件安装与光照校准→样本数据采集(各颜色方块≥100 张)→Vision Train 模型训练→Vision Master 流程开发→系统联调优化→文档交付
注意事项	1. 确保光源色温稳定(建议 5 500 K),避免环境光干扰 2. 训练数据需涵盖不同角度、遮挡及反光场景 3. 若颜色分类错误,检查 HSV 通道阈值或重新优化模型

11.2　任务学习目标

➤ 知识目标

1. 掌握机器视觉行业中色彩识别的方法。
2. 掌握 Vision Master 中图像运算和轮廓匹配工具操作方法。

➤ 技能目标

1. 能根据项目需求,进行机器视觉系统硬件选型与搭建。
2. 具备针对不同应用场景设计视觉算法流程、编写软件程序及完成系统验证的实践能力。

➤ 素质目标

能够独立分析和解决机器视觉相关的技术问题,并提出创新性解决方案。

11.3　相关知识

彩色方块计数在机器视觉领域运用了光学成像原理(如相机分辨率、工作距离与光源选型)、图像处理技术(颜色空间转换、阈值分割、形态学运算)、目标检测算法(轮廓匹配、深度学习分类)及软件工具(如 Vision Master 模块化流程)等知识,主要应用于工业自动化计数、物流分拣、食品药品包装检测、质量控制等领域,可提升生产效率与准确性,替代传统人工操作。

1. 光学成像关键参数(图 11-1)

(1) 分辨率(resolution):决定最小检测尺寸(如 2 mm×2 mm 方块需相机像素精度≤0.1 mm/像素)。

(2) 工作距离(working distance,WD):镜头到目标的距离,影响视野范围和成像畸变(如选用 8 mm 镜头适配 150~250 mm 工作距离)。

(3) 景深(depth of field,DOF):确保不同位置方块均清晰成像,需平衡光圈大小与分辨率。

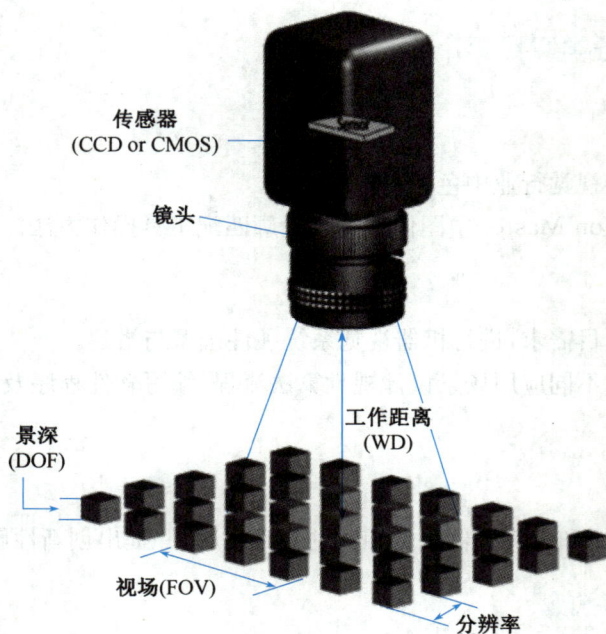

图 11－1　简单视觉系统镜头主要参数

2. 颜色空间模型

（1）RGB 模型（图 11-2）

RGB 模型（即三原色光模式）适用于直接显示彩色图像，但对光照敏感（如反光会导致颜色失真）。

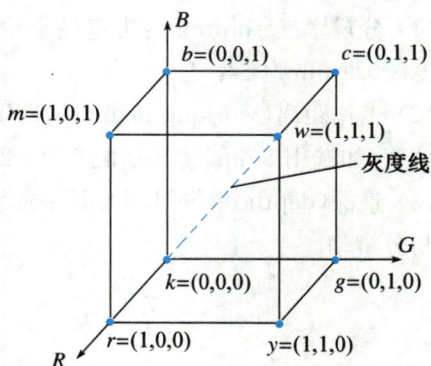

图 11－2　RGB 模型

（2）HSV 模型（图 11-3）

① 色调（H）：区分颜色类别（如红色 $H \in [0,10] \cup [160,180]$，绿色 $H \in [35,85]$）。

② 饱和度（S）：反映颜色纯度（过滤低饱和度的噪声颜色）。

③ 明度(V):对应亮度,可通过阈值处理消除光照不均影响。

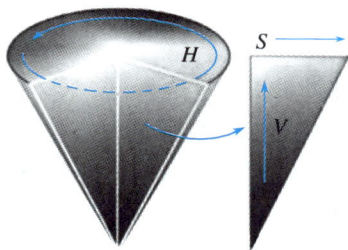

图 11 - 3　HSV 模型

(3) Lab 模型(图 11 - 4)

分离亮度(L)与颜色(a/b 通道),适合复杂光照下的颜色分割(如 a 通道区分红绿,b 通道区分黄蓝)。

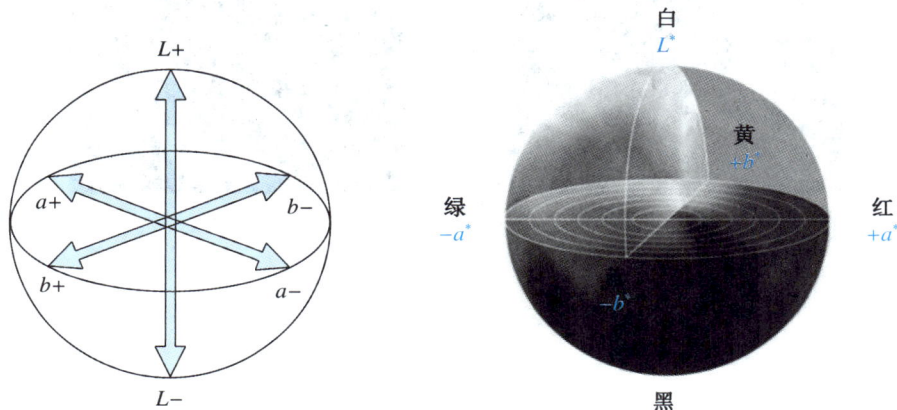

图 11 - 4　Lab 模型

3. 图像预处理:增强目标特征

(1) 颜色空间转换

将 RGB 图像转为 HSV/Lab 空间,利用单一通道(如 H 通道)提取目标颜色,排除亮度干扰。示例:提取绿色方块时,仅对 HSV 的 H 通道进行阈值分割($H \in$ [35,85]),忽略 V 通道的明暗变化。

(2) 图像运算

(3) 算术运算

① 背景减除:原图像减去平均背景图,消除全局光照不均(如传送带阴影)。

② 对比度增强:通过"乘运算"放大像素值差异,突出方块与背景的边界。

(4) 逻辑运算

掩膜提取:使用 ROI 掩膜与原图像"与运算",仅保留检测区域(如剔除传送带边缘无关背景）。

4. 形态学运算（图 11 - 5）

（1）开运算（腐蚀＋膨胀）

先腐蚀去除小噪声点（如灰尘），再膨胀恢复方块尺寸，平滑边缘毛刺。

参数：结构元素大小需匹配方块最小尺寸（如 2 mm 方块对应像素约 10×10，结构元素半径设为 2～3 像素）。

（2）闭运算（膨胀＋腐蚀）

连接因光照不足导致的轮廓断裂，填充方块内部小空洞（如反光形成的黑色斑点）。

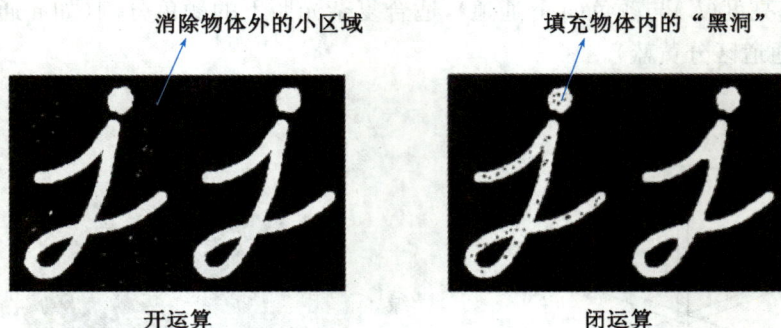

图 11 - 5　图像的腐蚀与膨胀

5. 目标检测与特征提取

（1）阈值分割与二值化

基于颜色阈值（如 HSV 的 H/S 通道）生成二值图，将目标（白色）与背景（黑色）分离。

工具：Vision Master 的"阈值分割"模块，支持动态调整阈值范围。

（2）轮廓检测与匹配

① 轮廓提取：对二值图使用"轮廓查找"算法，获取方块边缘坐标、面积、周长等特征。

② 模板匹配：创建标准方块的轮廓模板（如红色正方形模板），通过"轮廓匹配"模块在图像中搜索相似目标。

③ 参数：设置"最小匹配分数"（如 0.7）过滤低相似度结果，设置"角度范围"（±15°）适应方块倾斜。

（4）深度学习检测（DL 分类）

① 模型训练：使用 Vision Train 标注至少 100 张各颜色方块样本，训练 DL 模型（.vmod 文件），学习颜色、形状、纹理等综合特征。

② 模块应用：在 Vision Master 中加载模型，设置"置信度阈值"（如≥85％），直接输出颜色分类结果，适用于颜色相近或复杂背景场景（如蓝色与紫色方块区分）。

11.4　任务实施

1. 软件操作流程

【微信扫码】
任务操作视频

本次任务识别对象：彩色方块（图 11 - 6）。

图 11 - 6　彩色方块

整体操作流程如图 11 - 7 所示。

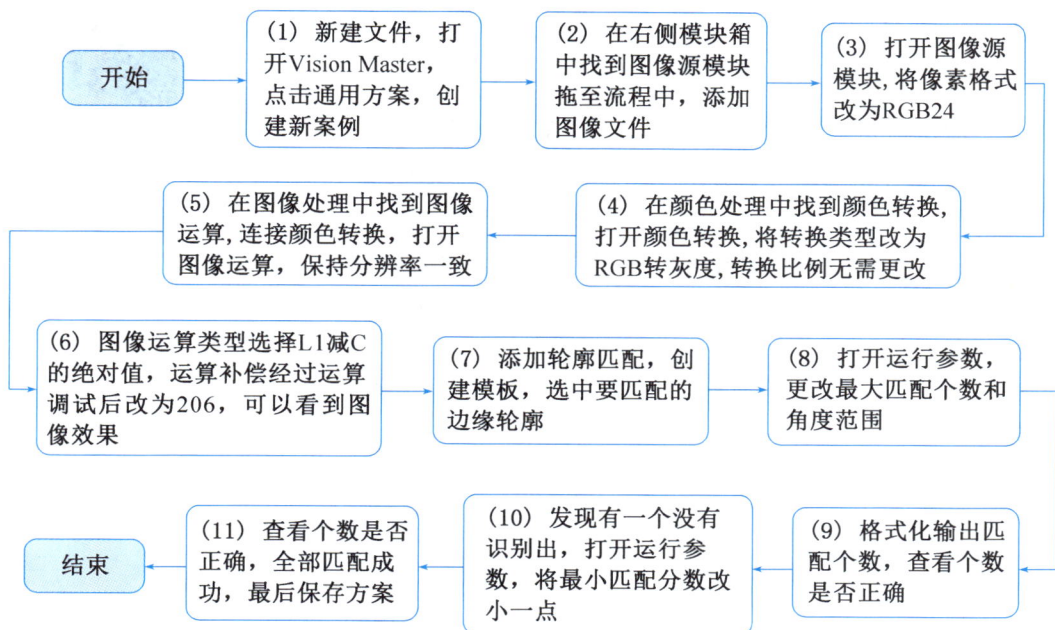

开始 → （1）新建文件，打开Vision Master，点击通用方案，创建新案例 → （2）在右侧模块箱中找到图像源模块拖至流程中，添加图像文件 → （3）打开图像源模块，将像素格式改为RGB24 →

（5）在图像处理中找到图像运算，连接颜色转换，打开图像运算，保持分辨率一致 ← （4）在颜色处理中找到颜色转换，打开颜色转换，将转换类型改为RGB转灰度，转换比例无需更改 ←

（6）图像运算类型选择L1减C的绝对值，运算补偿经过运算调试后改为206，可以看到图像效果 → （7）添加轮廓匹配，创建模板，选中要匹配的边缘轮廓 → （8）打开运行参数，更改最大匹配个数和角度范围 →

结束 ← （11）查看个数是否正确，全部匹配成功，最后保存方案 ← （10）发现有一个没有识别出，打开运行参数，将最小匹配分数改小一点 ← （9）格式化输出匹配个数，查看个数是否正确

图 11 - 7　整体操作流程

2. 任务思考：智能识别赋能高效生产

在智能制造快速发展的背景下，传统人工计数方式已难以满足高精度、高效率的生产需求。以彩色方块计数为例（图 11－8），人工操作易受疲劳、光线等因素干扰，导致统计误差和效率瓶颈。而基于机器视觉与图像处理技术的智能计数系统，通过高分辨率摄像机和深度学习算法，实现了对彩色方块的快速定位、分类与统计。随着边缘计算和实时分析技术的进一步融合，智能计数系统将向更高效、更灵活的方向发展。我们始终坚持以技术创新驱动产业升级，以严谨的职业态度保障技术落地，为工业智能化转型注入新动能。

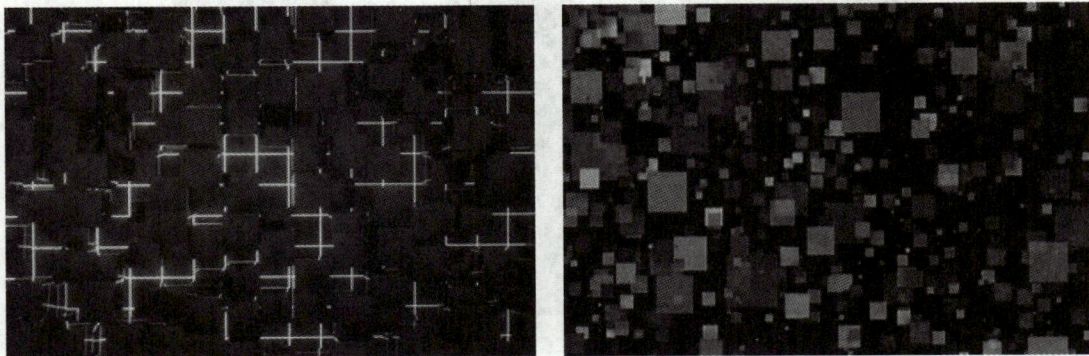

图 11－8　彩色方块

3. 实操作业

（1）作业说明

请扫码下载图源文件，利用任务中掌握的彩色方块计数操作方法，对图源中的各类彩色方块数量进行自动化测量统计。

**【微信扫码】
实操作业图源**

（2）作业要求

进行多次测量，准确率＞95％，对方块外观反光区域有一定抗干扰能力，输出工程文档，做好操作记录，对失败案例进行分析并提出改进方案。

项目5 机器视觉系统脚本编写与应用

任务 12 二维坐标排序

12.1 任务工单

工单编号	
提交日期	年　　月　　日
提交部门	视觉技术应用部
紧急程度	□高　　□中　　□低
任务名称	二维坐标排序系统开发
任务背景	在物流和数据管理领域,快递单号条码的识别与排序对于提高处理效率和准确性至关重要。传统方法效率低且易出错。本任务旨在利用 Vision Master 软件平台,实现对快递单号条码信息的自动化识别、坐标排序及格式化输出
核心功能	1. 识别不同工件上的条码信息,并提取其二维坐标 2. 对提取的坐标进行特定规则排序(先对 y 坐标升序,再对 y 坐标差值不大于 15 的坐标进行 x 坐标升序) 3. 将排序后的坐标和条码编码信息进行格式化输出展示
性能指标	1. 条码识别准确率≥99%(在清晰图像条件下) 2. 单件条码处理时间≤0.5 s 3. 坐标排序准确率100%
硬件配置	相机:MV-CS050-10GC(500 万像素彩色面阵) 镜头:MVL-KF1628M-12MP(16 mm 焦距,1 200 万像素) 光源:MV-LBES-180-180-W(输出 200 灰度) 工作距离:400 mm

软件流程	1. Vision Master 新建案例，配置图像源 2. 图像预处理（可选降噪、对比度调整） 3. 条码识别：使用条码识别模块定位条码位置 4. 坐标提取：提取条码中心的二维坐标 5. 坐标排序：使用脚本模块对坐标进行排序 6. 结果输出：将排序后的坐标和条码信息格式化输出至日志文件或界面展示
交付要求	1. Vision Master 工程文件（.vmproj） 2. 测试报告（含 5 组样本的条码识别、坐标排序截图及耗时记录） 3. 操作手册及维护指南
任务计划	硬件搭建→条码识别模块调试→坐标排序脚本开发→系统测试及文档整理
注意事项	1. 确保图像清晰，避免反光或遮挡影响条码识别 2. 脚本模块需经过充分测试，确保排序逻辑正确无误 3. 系统需具备容错机制，处理异常情况（如条码缺失、坐标提取失败）

12.2　任务学习目标

➤ 知识目标

1. 掌握机器视觉行业中二维坐标排序的方法与流程。

2. 理解 Vision Master 软件中脚本模块和 Group 模块的操作原理及应用场景。

➤ 技能目标

1. 能够根据项目需求，选择合适的机器视觉系统硬件并进行搭建。

2. 能够运用 Vision Master 软件完成二维坐标排序及格式化输出的软件设计与测试。

➤ 素质目标

1. 具备独立分析和解决机器视觉相关技术问题的能力。

2. 展现快速学习新知识和技术的能力，以适应不断变化的行业需求。

12.3　相关知识

条码识别通常包括图像采集、预处理、条码定位、解码等步骤。即通过高分辨率相机捕捉条码图像，利用图像处理算法增强条码特征，最后通过解码算法将条码图像转换为可读的文本信息。而 Vision Master 是一款功能强大的机器视觉软件，支持图像采集、处理、分析等多种功能。在本任务中，主要利用其脚本模块和 Group 模块实现条码识别和坐标排序。

1. 脚本模块

可在流程中调用脚本模块，并通过自定义脚本代码控制流程数据或流程执行。将脚本模块拖入流程编辑区后，双击该模块打开脚本编辑窗口，如图 12-1 所示。

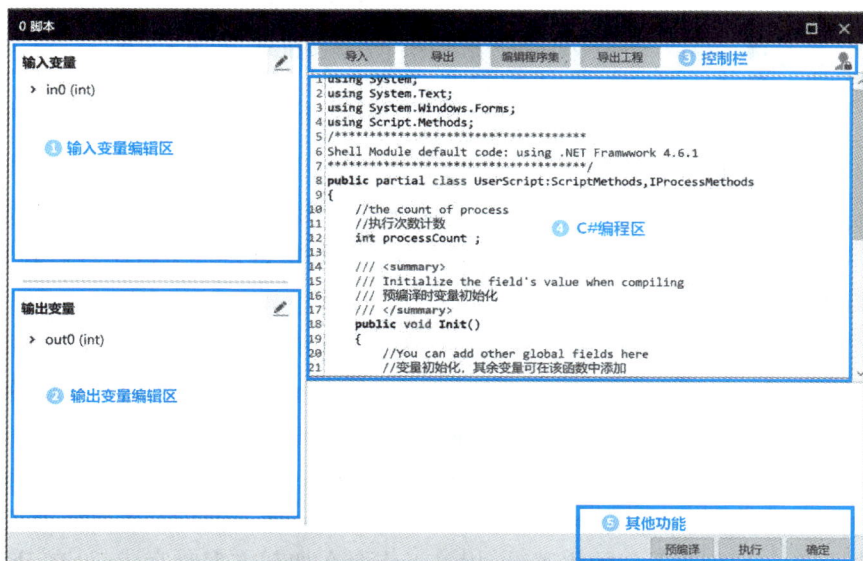

图 12-1　脚本编辑窗口

该窗口各区域介绍见表 12-1。

表 12-1　脚本编辑窗口介绍

窗口区域	描述
输入/输出变量编辑区	对输入输出的变量进行编辑，可自定义变量名称。支持六种数据类型，包括 int、float、string、bytes、image（即图像数据）和 ROIBOX（即 ROI 内的识别框）。 ● 输入变量：可绑定脚本前置模块的结果、全局变量。 ● 输出变量：输出变量可作为脚本后置模块的输入。输出变量为输入变量的具体值。

C# 编程区	可在此处通过调用脚本接口等方式自定义开发脚本。
	该区域提供脚本的默认代码，默认代码的简要解读参见下文的默认代码导读。
	说明：
	在 C# 编程区自定义脚本代码之前，需先在输入/输出变量编辑区定义输入变量（如 int 型的 in0）和输出变量（如 int 型的 out0）。完成定义后，可在 C# 编程区中直接编写代码，获取或设置数组类型以外类型的变量的取值。示例如下。
	public bool Process( )
	{
	　int a = in0;
	　out0 = 32;
	　return true;
	}

（续表）

控制栏	● 导入：导入脚本程序（格式：.cs）。 ● 导出：导出脚本程序（格式：.cs）。 ● 编辑程序集：添加程序集，与全局脚本添加程序集相同。 ● 导出工程：将脚本程序导出，导出后可使用 Visual Studio 进行调试。
其他功能	● 预编译：对脚本程序进行预编译，单击该按钮即调用 Init 方法。 ● 执行：单击该按钮即调用 Process 方法。 ● 确定：保存修改后的代码并退出脚本编辑界面。

（1）使用限制

脚本仅支持使用标准 C♯语言（Windows 版本）进行编写。脚本模块只能控制单个流程的执行逻辑。如需对方案下所有流程的批量执行逻辑进行控制，可通过全局脚本实现。

（2）使用方法

① 调用脚本模块。在流程中调用脚本模块时，无针对前序、后序模块的特定要求。只要脚本逻辑与流程逻辑匹配，脚本模块可在流程中的任意环节调用。

② 自定义脚本代码。在流程中调用脚本模块后，可在 C♯编程区调用脚本接口自定义脚本代码。其中的核心接口为 Init 和 Process。可在 Init 方法中实现变量初始化和句柄创建等初始化逻辑，相关工作会在加载方案时完成；可在 Process 方法中实现变量计算和逻辑处理等具体的功能，相关功能在流程执行时执行，如图 12－2 所示。

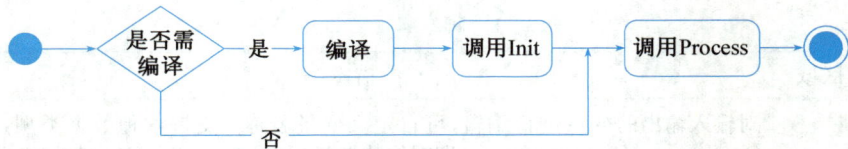

图 12－2　Init 与 Process 方法的执行顺序

2. Group 模块

在复杂方案中，模块过多可能导致查看或修改方案时不够直观，此时可使用 Group 进行模块整合，同时 Group 也兼容循环的功能。对于 Group 模块，通过双击"组合模块"即可进入 Group 内部，此时会单独弹出一个组合模块的流程窗口。在该窗口界面中，可以直接拖动相关模块进行连接，搭建完成后单击 ↩ 可返回组合模块外面。

Group 模块多用于"多目标检测""多目标精定位"等场景。前序模块一般搭配特征匹配、位置修正、Blob 分析等定位模块输入定位信息；Group 模块内部一般搭配数据集合、点集、图形收集等模块进行数据汇总；后序模块选择较为广泛，可搭配逻辑模块、运算模块等。

12.4　任务实施

1. 软件操作流程

有序的坐标数据可以减少后续处理过程中的计算量和复杂度，从而提高处理效率。例如，在图像拼接、三维重建等应用中，有序的坐标点可以加速匹配和融合过程。

本次任务识别对象如图 12-3 所示。

图 12-3　本次任务的识别对象

整体操作流程如图 12-4 所示。

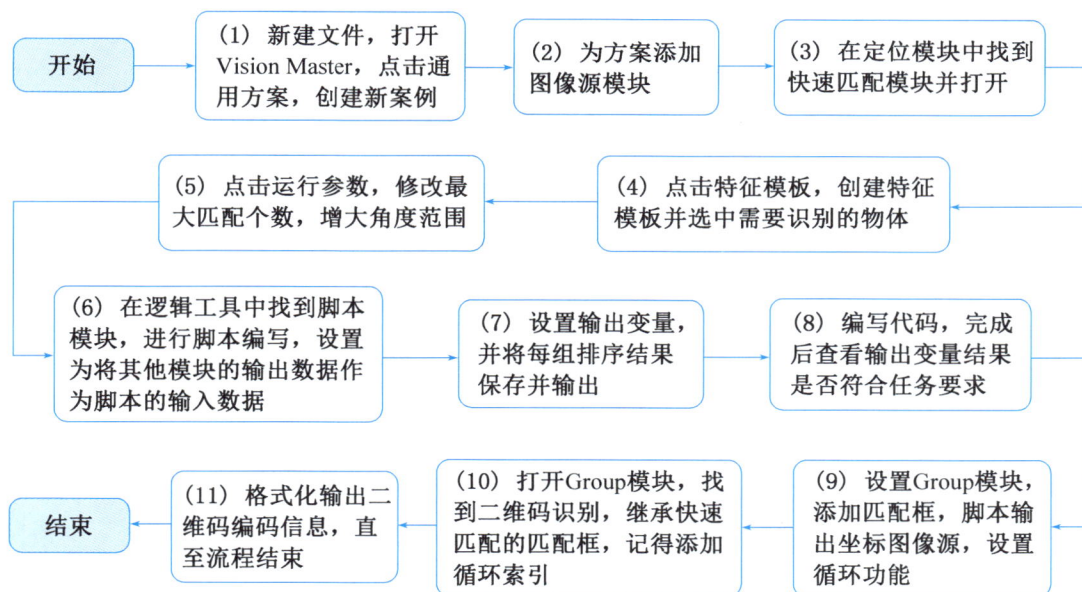

开始 → (1) 新建文件，打开 Vision Master，点击通用方案，创建新案例 → (2) 为方案添加图像源模块 → (3) 在定位模块中找到快速匹配模块并打开

(5) 点击运行参数，修改最大匹配个数，增大角度范围 ← (4) 点击特征模板，创建特征模板并选中需要识别的物体

(6) 在逻辑工具中找到脚本模块，进行脚本编写，设置为将其他模块的输出数据作为脚本的输入数据 → (7) 设置输出变量，并将每组排序结果保存并输出 → (8) 编写代码，完成后查看输出变量结果是否符合任务要求

结束 ← (11) 格式化输出二维码编码信息，直至流程结束 ← (10) 打开 Group 模块，找到二维码识别，继承快速匹配的匹配框，记得添加循环索引 ← (9) 设置 Group 模块，添加匹配框，脚本输出坐标图像源，设置循环功能

图 12-4　整体操作流程

2. 任务思考：二维坐标排序技术探索

二维坐标排序技术通过高精度的机器视觉系统，实现了对目标物体（如快递单号条码）在图像中的精准定位，并按照预设规则对坐标进行排序。这一过程不仅提高了物流分拣的自动化水平，还大幅减少了人工干预，降低了错误率。在智能制造物流场景中，这意味着货物能够更快、更准确地被分拣到指定区域，从而提升了整体物流效率。

3. 实操作业

（1）作业说明

请扫码下载图源文件，利用任务中掌握的二维坐标排序操作方法，对图源中的多种类型不同排列方式的物品二维码进行自动化排序识别。

【微信扫码】
实操作业图源

（2）作业要求

多次测量识别准确率＞95％，对不同摆放角度有一定应用鲁棒性，输出工程文档，做好操作记录，对失败案例进行分析并提出改进方案。

项目6　机器视觉系统深度学习与应用

任务 13　牛奶盒日期识别

13.1　任务工单

工单编号	
提交日期	年　　月　　日
提交部门	智能制造视觉检测部
紧急程度	□高　　□中　　□低
任务名称	牛奶盒日期识别系统开发
任务背景	在牛奶生产线上,快速准确地识别牛奶盒上的生产日期对于保证产品质量、追踪生产批次至关重要。传统的人工检测方式效率低下且易出错,因此需要通过机器视觉技术实现自动化日期识别,替代人工目检
核心功能	1. 识别牛奶盒上的生产日期信息 2. 支持不同角度、光照条件下的日期识别 3. 输出识别结果,包括日期字符串及其在图像中的位置
性能指标	1. 识别准确率≥95%(标准光照条件下) 2. 单件识别时间≤0.5 s
硬件配置	相机:MV-CS050-10GC(500 万像素彩色面阵) 镜头:MVL-KF1628M-12MP(16 mm 焦距,1 200 万像素) 光源:MV-LBES-180-180-W(环形 LED,输出 200 灰度) 工作距离:200～350 mm
软件流程	1. Vision Master 新建案例,配置图像源模块 2. 图像预处理(如灰度化、滤波降噪) 3. 使用 DL 字符识别模块进行日期识别 4. 输出识别结果,包括日期字符串及其位置信息

（续表）

交付要求	1. Vision Master 工程文件(. vmproj) 2. 测试报告(含 50 组样本的日期识别结果截图及耗时记录)
任务计划	硬件搭建→图像预处理流程调试→日期识别算法优化→系统测试及文档整理
注意事项	1. 优先适配不同角度、光照条件下的牛奶盒图像 2. 若识别效果不佳,需调整 DL 字符识别模块的运行参数或优化图像预处理流程

13.2　任务学习目标

➢ 知识目标

1. 掌握机器视觉中字符识别(OCR)技术原理,包括整行识别算法的工作流程。

2. 熟悉 Vision Master 软件中 DL 字符识别模块的操作方法及参数配置。

➢ 技能目标

1. 能独立完成牛奶盒生产日期字符识别系统的硬件选型与软件搭建。

2. 能通过调整特征模板、ROI 区域等参数,优化字符识别准确率。

➢ 素质目标

具备独立分析并解决机器视觉项目中字符识别相关技术问题的能力。

13.3　相关知识

在本任务中,需要利用机器视觉技术,借助 Vision Master 软件平台,实现对牛奶盒上日期信息的精准识别,并将识别结果进行图形化收集与展示。具体工作包括从牛奶盒图像中准确提取日期字符,运用 DL 字符识别模块进行字符识别处理,通过配置相关模块参数确保识别的准确性,使用逻辑工具中的图像收集和格式化模块,将识别的日期信息与对应的匹配框以直观的图形形式展示在图像中,并按特定格式输出日期信息,最终完成整个系统的搭建、调试与优化,以满足实际生产或检测场景中对牛奶盒日期识别的需求。

字符识别是指利用神经网络来识别图像中的文本信息。一般来说,文本识别的输入图像应是文字图片,即定位好的文本行,所以文本识别一般与文本定位或者其他预处理配合使用。针对图像中的文字序列,可通过自动学习得到的模型,转化为一组给定标签的输出序列。

根据识别对象的不同,字符识别可以划分为三种类型:单字识别、整词分类和整行识别(基于文本行序列的识别)。当能够定位出单字时,可以用图像分类的方法直接对单字进行分类;当需要预测的整词数量较少时,可以对整词进行分类;当有大量整词需要预测且没有单字定位时，就需要采用整行识别的算法。相较于单字识别和整词分类，整行识别无需考虑字符、单词个数，仅需识别一次，效率更高；同时还可以利用文本的上下文信息，使识别准确率更高。DL 字符识别模块使用的是整行识别方案，其工作流程大致如下。

（1）特征提取。通过卷积操作提取图像不同层级的语义信息。

（2）提取文字序列特征。借助循环神经网络中的长短期记忆（long short-term memory，LSTM）层，将 Step1 中提取到的卷积神经特征转化为文字序列特征。

（3）结果输出。将 Step2 输出的文字序列转化为字符信息。

13.4　任务实施

1. 软件操作流程

DL 字符识别模块的适用场景兼容传统字符识别模块的所有适用场景。对于字符形态不止一种、对比度低、背景略带干扰、稍微粘连和畸变但是肉眼可辨的字符，该模块也适用。

【微信扫码】
任务操作视频

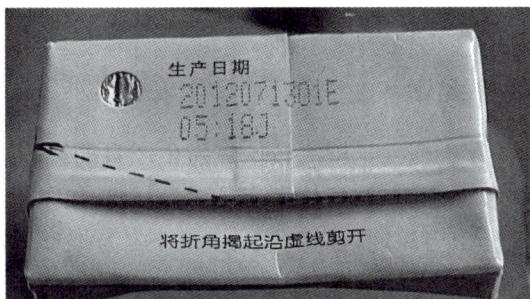

本次任务识别的对象如图 13 - 1 所示。

图 13 - 1　本次任务的识别对象

整体操作流程如图 13 - 2 所示。

开始 → (1) 新建文件，打开 Vision Master，点击通用方案，创建新案例 → (2) 添加图像源模块，并导入相关图像 → (3) 添加快速匹配模块，订阅并连接图像源

(6) 识别生产日期，若出现识别错误，编辑特征模板，修改配置参数，调节角度范围 ← (5) 若因角度范围问题未识别出内容，调节角度范围 ← (4) 再次添加快速匹配模块，订阅并连接图像源，打开快速匹配，点击特征模板，创建矩形掩膜

(7) 添加DL字符识别C模块，连接快速匹配模块，选择ROI创建方式为继承，选择按区域继承方式，在区域一栏订阅快速匹配，选择匹配框 → (8) 果汁盒字符识别过程参考牛奶盒，显示成功，添加图像收集，连接两个字符识别模块 → (9) 添加两个矩形框和文本，分别订阅两个快速匹配的匹配框

结束 ← (11) 添加格式化模块，订阅字符信息并设置格式，结束后保存 ← (10) 点击订阅配置，在区域栏订阅快速匹配的匹配框，添加两个文本参数，在订阅配置中，内容配置为字符识别中的字符信息，位置x和位置y分别对应快速匹配中匹配框的x和y坐标

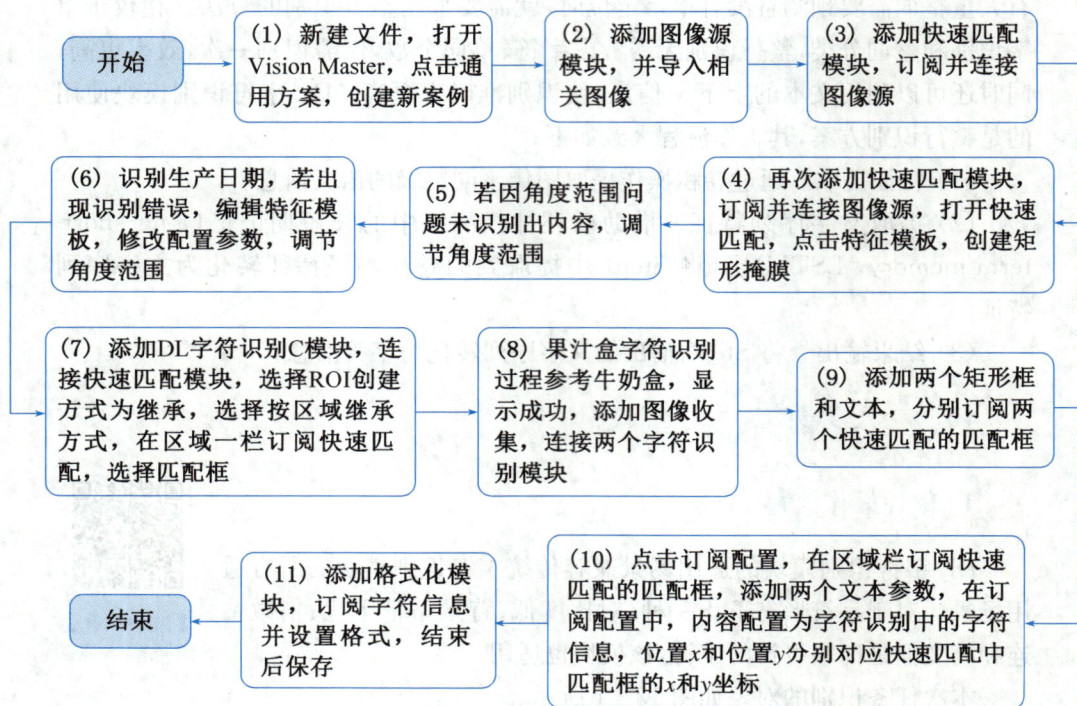

图 13 - 2　整体操作流程

2. 任务思考：视觉检测赋能生产日期智能识别

在智能化牛奶生产线上，视觉检测技术赋能生产日期智能识别，不仅提高了生产效率与产品追溯精准度，更彰显了技术人员对品质把控的执着追求（图 13 - 3）。这种将专业技能与责任担当深度融合的职业态度，成为推动乳品行业智能化升级的微观力量，印证了每个技术环节的精益求精，都在为食品安全与产业高质量发展筑牢根基。

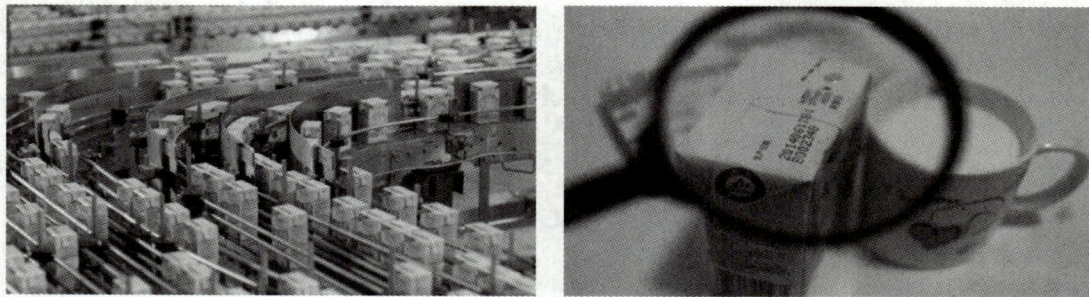

图 13 - 3　盒装牛奶生产线与日常中的盒装牛奶

3. 实操作业

（1）作业说明

请扫码下载图源文件，利用任务中掌握的牛奶盒日期识别操作方法，对图源中的各类商品生产日期进行自动化检测。

（2）作业要求

多次测量识别准确率＞95％，对包装外观反光区域有一定抗干扰能力，输出工程文档，做好操作记录，对失败案例进行分析并提出改进方案。

【微信扫码】
实操作业图源

任务 14　物品图像分类

14.1　任务工单

工单编号	
提交日期	年　月　日
提交部门	物流自动化部
紧急程度	□高　□中　□低
任务名称	物品图像分类系统开发
任务背景	随着工业生产线自动化需求的提升,传统人工分拣方式效率低且易出错,需开发基于深度学习的物品图像分类系统,实现对不同类别物品(如电子元件、包装盒等)的自动化识别与分类,以提高生产流程的自动化水平和产品质量一致性
核心功能	1. 实现对多种物品(如牛奶盒、电子元件等)的高精度图像分类 2. 支持单类别数据标注(每类别≥20 张图像) 3. 提供分类结果的置信度输出及可视化展示 4. 支持模型性能调优与部署
性能指标	1. 分类准确率≥95% 2. 单张图像分类时间≤0.1 s 3. 支持至少 5 类物品的分类任务
硬件配置	相机:MV-CS050-10GC(500 万像素彩色面阵) 镜头:MVL-KF1628M-12MP(16 mm 焦距,1 200 万像素) 光源:MV-LBES-180-180-W(输出 200 灰度) 工作距离:400 mm
软件流程	1. Vision Master 新建案例,配置图像源 2. 使用 Vision Train 完成数据标注与模型训练 3. 部署分类模型至 Vision Master 4. 设置 ROI、置信度阈值等参数 5. 测试模型性能并优化
交付要求	1. Vision Master 工程文件(.vmproj) 2. 训练数据集及标注文件 3. 模型性能测试报告(含准确率、误分类样本分析) 4. 操作手册(含数据标注、模型训练、部署及调优步骤)
任务计划	硬件系统搭建→数据采集与标注→模型训练与调优→系统集成测试→文档整理
注意事项	1. 需确保数据集中各类别样本分布均衡 2. 针对困难样本(如相似物品)需优化标注和模型参数 3. 模型部署时需调整光源参数以减少环境干扰 4. 分类结果需支持导出至生产管理系统

14.2　任务学习目标

➢ 知识目标

1. 掌握机器视觉行业中物品图像识别的方法。
2. 掌握 Vision Master 中分类工具的操作方法。

➢ 技能目标

1. 能根据项目需求,完成物品图像分类系统的硬件选型与软件搭建。
2. 能通过调整数据增强、模型参数等方法,优化图像分类模型的准确率,完成物品分类模块的配置与测试。

➢ 素质目标

1. 具备独立分析并解决机器视觉项目中图像分类相关技术问题的能力。
2. 拥有快速学习新知识和技术的能力,以适应不断变化的深度学习模型优化需求。

14.3　相关知识

1. 深度学习图像分类的核心原理

深度学习图像分类通过卷积神经网络(convolutional neural network,CNN)自动提取图像特征并进行分类。其核心原理如下。

(1) 特征提取:使用卷积层从图像中提取局部特征(如边缘、纹理等),并通过多层网络逐步提取更高层次的语义特征(如形状、结构等)。

(2) 降采样:通过池化层(如最大池化)减少特征图尺寸,降低计算量并增强模型对平移的鲁棒性。

(3) 非线性激活:使用 ReLU 等激活函数引入非线性,提升模型的表达能力。

(4) 分类器:通过全连接层和 Softmax 函数输出类别概率分布。

2. 典型网络结构

(1) LeNet-5:早期 CNN,用于手写数字识别。

(2) AlexNet:首次在 ImageNet 竞赛中取得突破,引入 ReLU(rectified linear unit,修正线性单元)和 Dropout(丢弃单元)。

(3) VGG(visual geometry group):通过堆叠小卷积核提升性能。

(4) ResNet:引入残差连接,解决深层网络梯度消失问题。

3. 数据标注与增强

（1）标注规范：确保每类样本数量均衡（单类别≥20张），标注需精确覆盖目标区域。

（2）数据增强：通过旋转、翻转、缩放、亮度调整等方式扩充数据集，提升模型泛化能力。

4. 物品图像分类

（1）分类原理

基于深度学习的图像分类技术，本质上是利用神经网络提取图像特征，并根据其特征分布情况给出类别信息。一般来说，对于一张图像，分类网络只会给出预测的类别信息以及该图片属于该类别的可能性，即得分或置信度。

一个典型的分类神经网络，其工作流程大致如下。

① 特征提取。通过卷积操作可以提取图像不同层级的特征，随着卷积层数的增加，所提取的特征从最开始的轮廓、灰度、角点等表层特征，逐步转化为结构、关系等高层级的语义特征。

② 特征降采样。通过池化层可以实现图像的降采样，一方面可以降低网络的计算量，另一方面可以增加卷积的感受野（卷积神经网络每一层输出的特征图上的像素点在输入图片上映射的区域大小），使得卷积可以感知到更大区域的特征分布。

③ 特征激活。基于 ReLU 等激活层进行特征激活，可以增加网络的非线性，使得网络能够更好地拟合不同的图像特征。

④ 分类。通过全连接层和分类器将提取到的一组特征进行分类，得到当前图像属于不同类别的可能性。

（2）模型性能调优

此处提供几种模型性能不佳的情况以及对应的模型性能调优方法，见表14-1。

表 14-1　模型性能调优方法

问题类型	可能原因	调优思路
模型仅输出一个类别	数据集中类别分布不均，某一类别数据占据绝大部分，导致模型过拟合	可考虑增加训练数据集的样本数量以缓解过拟合问题
模型准确率整体较低	数据量较少	需增加数据量，一般建议单类别20张以上，同时考虑适当增加数据增强
	训练效果不佳	可对训练集进行测试，分为以下两种情况： ● 若训练集准确率高但实际效果不好，则需考虑数据集标注错误或训练数据和测试数据差异较大 ● 若训练集本身准确率低，则考虑训练参数不合理，比如学习率过大、迭代轮次

(续表)

问题类型	可能原因	调优思路
模型部分类别准确率低	数据量少或数据标注错误	可考虑增加数据量或完善数据标注操作
模型整体性能较高,但仍存在少量样本误分	一般是模型泛化能力不够或者该类样本属于困难样本	需对误分样本进行分析,分为以下两种情况: ● 如果以人眼观测,该样本区分难度较小,则属于模型泛化能力问题,可考虑增加数据增强或增加对应数据量 ● 如果人眼区分难度较大,则属于困难样本,对于该类问题,除增加样本外,还可以优化标注方案、选用高精度模型等

14.4　任务实施

1. 软件操作流程

深度学习分类通过学习每个目标类别的图像特征,以准确区分各个目标的种类。它利用计算机对图像进行定量分析,把图像或图像中的每个像元或区域归为若干个类别中的其中一类,以代替人的视觉判读,在物体识别、分拣方面有广泛应用。该模块适用于简单的缺陷检测、产品分类场景。使用 DL 分类模块时,建议图像中目标物体在全局视野中的占比较大。

本次任务识别的对象:多类型工件(图 14 - 1)。

【微信扫码】
任务操作视频

图 14 - 1　多类型工件

整体操作流程如图 14 - 2 所示。

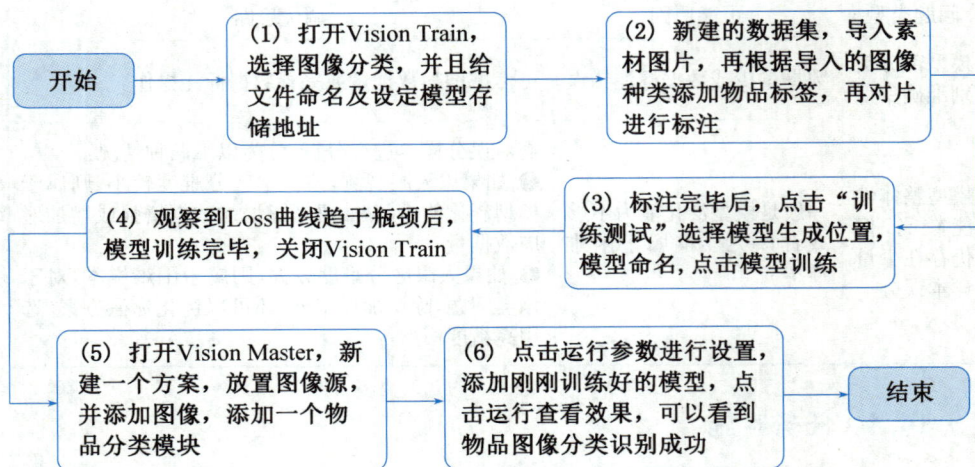

图 14 - 2　整体操作流程

2. 任务思考：个人技术与职业态度对行业的影响

图像分类任务的每个环节——从数据标注、模型训练到性能优化——都体现了技术能力的价值。例如，在模型调优阶段，若缺乏对数据分布不均或困难样本的分析能力，可能导致模型在实际应用中失效。而通过掌握 Vision Master 工具的操作、理解卷积神经网络的工作原理，以及灵活应用数据增强等技术，能够显著提升分类精度，从而为工业自动化提供可靠支持。这种技术能力的积累，不仅推动个人成长，也为行业树立了更高的技术标准。

3. 实操作业

（1）作业说明

请扫码下载图源文件，利用任务中掌握的目标检测操作方法，对图源中的各种不同零件进行自动化检测分类。

（2）作业要求

多次测量识别准确率>95%，对不同尺寸不同角度零件有一定应用鲁棒性，输出工程文档，做好操作记录，对失败案例进行分析并提出改进方案。

【微信扫码】
实操作业图源

任务 15　零食袋重叠检测

15.1　任务工单

工单编号	
提交日期	年　　　月　　　日
提交部门	食品包装质检部
紧急程度	□高　□中　□低
任务名称	零食袋重叠检测系统开发
任务背景	随着食品包装自动化产线提速,人工目检重叠包装的效率与精度不足,易导致漏检。需开发基于实例分割技术的自动检测系统,实时检测流水线上零食袋的重叠情况,确保包装完整性和标签准确性
核心功能	1. 精确分割重叠零食袋:通过实例分割技术输出每个包装的独立掩膜,区分重叠目标 2. 重叠判定与报警:自动识别重叠区域面积超过阈值(如≥10%包装面积)的异常情况 3. 数据输出:记录检测结果(包括重叠位置、面积占比)并触发分拣设备剔除异常品
性能指标	1. 检测精度:重叠区域识别准确率≥98% 2. 处理速度:单帧图像分析时间≤0.3 s(适应产线速度≥200 包/分) 3. 兼容性:支持至少 5 种常见零食袋规格(尺寸差异±20%)
硬件配置	相机:MV-CS050-10GC(500 万像素彩色面阵) 镜头:MVL-KF1628M-12MP(16 mm 焦距,1 200 万像素) 光源:MV-LBES-180-180-W(环形 LED,输出 200 灰度) 工作距离:400 mm
软件流程	1. Vision Master 工程配置:新建案例,配置高分辨率图像源(ROI 覆盖传送带有效区域)。启用 DL 实例分割模块,设置最大查找个数为 10(覆盖可能重叠目标数) 2. 模型部署与调优:加载预训练实例分割模型(基于 Vision Train 标注数据)。调整掩膜置信度阈值为 0.9,过滤低质量分割结果 3. 重叠逻辑判定:计算相邻掩膜交集面积与单个包装面积的占比。联动 I/O 模块触发报警器或分拣机械臂
交付要求	1. Vision Master 工程文件(.vmproj) 2. 测试报告[包含 100 组样本的检测数据(含正常、重叠场景)] 3. 操作手册(含常见异常处理方案)
任务计划	硬件系统搭建→数据采集与标注→模型训练与验证→系统联调→产线试运行与文档交付

注意事项	1. 数据多样性：需涵盖不同颜色、反光材质的零食袋（如铝箔袋、透明袋） 2. 光源优化：针对高反光包装，需测试偏振片或漫反射光源效果 3. 系统集成：检测结果需对接 MES 系统，记录批次质量数据

15.2　任务学习目标

➤ 知识目标

1. 掌握机器视觉行业中零食袋重叠监测的方法。
2. 掌握 Vision Master 中 DL 实例分割 C 工具的操作方法。

➤ 技能目标

1. 能独立完成零食包装实例分割系统的硬件选型与软件搭建。
2. 能通过调整掩膜置信度、目标框重叠率等参数，优化实例分割的精度，完成 DL 实例分割模块的配置与多目标识别测试。

➤ 素质目标

1. 具备独立分析并解决机器视觉项目中实例分割相关技术问题的能力。
2. 拥有针对复杂场景（如重叠包装）调整分割策略的灵活应变能力。

15.3　相关知识

实例分割（instance segmentation）是利用神经网络提取图像中待测目标掩膜的方法，可以精确输出每一个目标实例的掩膜信息。实例分割会为每一个物体分别赋予一个像素值，即使是同类目标，也会给予不同像素值，使得用户可以获取到每一个目标独立的掩膜信息。基于这一特性，实例分割适用于对检测精度要求较高的定位、计数场景。

从算法实现来看，实例分割方法大多是基于目标检测结果展开的，将检测到的 ROI 区域用作前背景进行二类分割。

1. 实例分割的基本概念

实例分割是计算机视觉领域的一项关键技术，它结合了目标检测（object detection）和语义分割（semantic segmentation）的特点：检测图像中的每个目标（如零食袋、缺陷区域等）；为每个目标生成像素级掩膜（mask），即使多个目标属于同一类别，也能区分不同实例（如两个重叠的零食袋）。

2. 实例分割的核心算法

目前主流的实例分割算法主要基于深度学习，代表性方法如下。

（1）Mask R-CNN：在 Faster R-CNN 基础上增加掩膜分支，实现目标检测与分割同步进行。

（2）YOLACT/YOLOv8-Seg：将实例分割任务解耦为特征提取和掩膜生成，适合实时应用。

（3）SOLO/SOLOv2：直接预测实例掩膜，无需依赖目标检测框，适用于密集场景。

3. 算法关键步骤

（1）特征提取：通过卷积神经网络（如 ResNet）提取图像多层次特征。

（2）目标定位：生成候选区域（ROI）或锚点（anchor），确定目标位置。

（3）掩膜生成：对每个 ROI 进行像素级分类，输出二值掩膜。

4. 实例分割在工业检测中的应用

在食品包装、电子元件等工业场景中，实例分割的优势尤为突出。

（1）重叠物体检测：精确分离堆叠或重叠的零食袋（如图 15-1），避免漏检或误检。

（2）缺陷定位：对包装上的破损、污渍等缺陷进行像素级标注，提升质检精度。

（3）计数与分类：统计产线上物品数量，同时区分不同型号或类别。

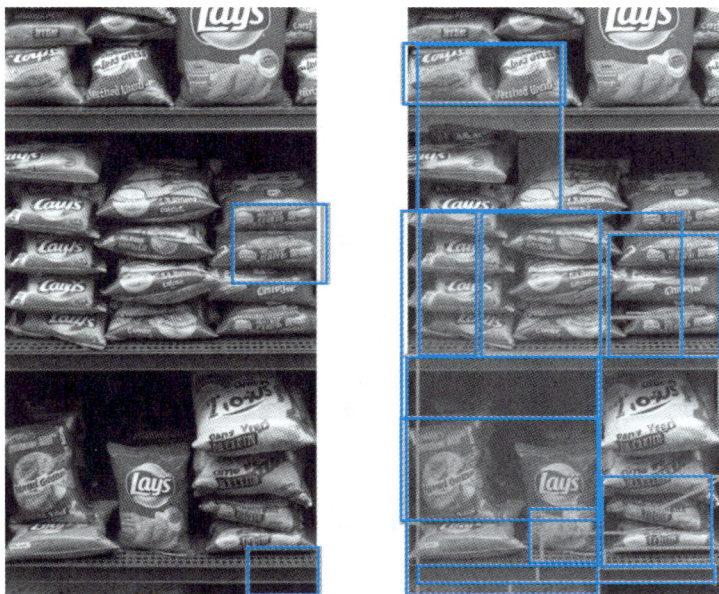

图 15-1　图像分割

15.4 任务实施

1. 软件操作流程

DL 实例分割模块主要用于将输入图像中的目标检测出来,并对目标的每个像素分配类别标签,以区分不同实例。DL 实例分割模块可用于检测产品中的缺陷,也可用于识别图像中的特定物体。

本次任务识别的对象:食品包装(图 15-2)。

图 15-2　食品外包装

整体操作流程如图 15-3 所示。

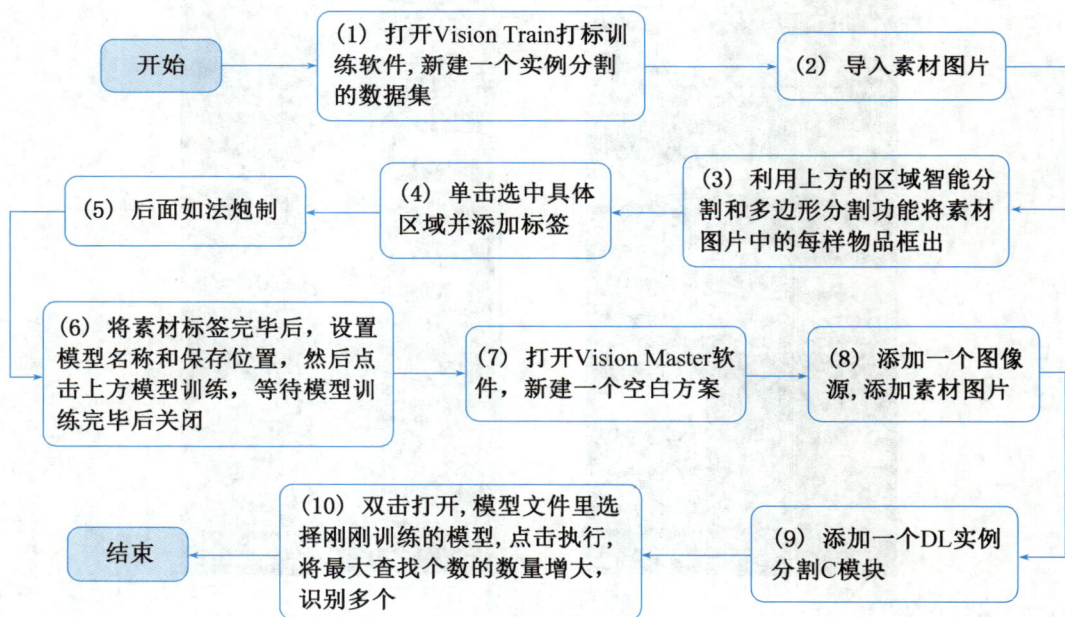

开始 → (1) 打开 Vision Train 打标训练软件,新建一个实例分割的数据集 → (2) 导入素材图片

(3) 利用上方的区域智能分割和多边形分割功能将素材图片中的每样物品框出 → (4) 单击选中具体区域并添加标签 → (5) 后面如法炮制

(6) 将素材标签完毕后,设置模型名称和保存位置,然后点击上方模型训练,等待模型训练完毕后关闭 → (7) 打开 Vision Master 软件,新建一个空白方案 → (8) 添加一个图像源,添加素材图片

(10) 双击打开,模型文件里选择刚刚训练的模型,点击执行,将最大查找个数的数量增大,识别多个 ← (9) 添加一个 DL 实例分割 C 模块

结束

图 15-3　整体操作流程

2. 任务思考:个人技术与职业态度对行业的影响

在完成"零食袋重叠检测"任务的过程中,深刻体会到个人技术能力与职业态度对工业视觉领域发展的双重影响。这一任务不仅要求掌握实例分割算法的核心原理和工具操作,更需要严谨的工程思维与主动解决问题的职业精神。

3. 实操作业

(1)作业说明

请扫码下载图源文件,利用任务中掌握的零食袋重叠监测操作方法,对图源中各种重叠商品包装的实例分割检测。

【微信扫码】
实操作业图源

(2)作业要求

正确标注训练数据、训练模型并调整参数实现多目标识别,输出工程文档,做好操作记录,对失败案例进行分析并提出改进方案。

任务 16　玩具分类计数

16.1　任务工单

工单编号	
提交日期	年　　月　　日
提交部门	智能检测技术部
紧急程度	□高　□中　□低
任务名称	目标检测系统开发
任务背景	随着智能制造转型加速,工业分类检测面临效率低、漏检率高(≥12%)等痛点,传统人工方式难以满足精准识别需求。基于深度学习的目标检测技术可突破人工局限,实现多类型工件的自动化检测分类,检测精度高,可为工业品控提供高效、可靠的解决方案
核心功能	1. 支持多种目标检测(如多类型产品、异物等) 2. 输出检测结果(类别、位置、置信度)至数据库或日志文件
性能指标	1. 检测准确率≥90%(标准光照条件下) 2. 单帧处理时间≤0.3 s(分辨率 1 920×1 080)
硬件配置	相机:Basler Ace AcA2000-50gc(500 万像素) 镜头:KOWA LM8JC 8 mm F1.4 光源:OPT-RI12080-W(条形 LED,亮度可调) 工作距离:600 mm
软件流程	1. 使用 Vision Master 或 Python＋OpenCV/YOLOV8 搭建检测框架 2. 图像预处理(去噪、增强、ROI 裁剪) 3. 深度学习模块加载训练模型(如 ONNX 格式) 4. 结果输出。示例:类别:划痕,位置:$(x1,y1,x2,y2)$,置信度:0.92。
交付要求	1. 完整可执行的工程文件(.vmproj 或 .py/.pt) 2. 测试报告(含 20 组样本的检测结果、准确率统计及耗时记录)
任务计划	硬件调试→数据采集与标注→模型训练→系统集成→性能优化→文档提交
注意事项	1. 优先适配产线常见缺陷类型(划痕、凹陷、污渍) 2. 光照不均时需启用"动态阈值"或"多尺度检测"优化

16.2　任务学习目标

➢ 知识目标

1. 掌握深度学习目标检测的核心原理(一阶段、二阶段算法区别,网络结构构成）。

2. 理解 Vision Master 中目标检测模块的参数配置逻辑（置信度、重叠率、ROI 设置等）。

3. 熟悉数据集标注规范（矩形框标注、标签管理、数据增强策略）。

4. 掌握模型训练流程（参数设置、迭代优化、结果评估方法）。

> ➤ 技能目标

1. 能完成目标检测项目的数据集构建（图像采集、标注、校验）。

2. 熟练使用 Vision Train 进行模型训练与调优（超参数调整、损失曲线分析）。

3. 掌握 Vision Master 中目标检测模块的集成与调试（模型加载、参数配置、结果解析）。

4. 具备多目标检测场景下的参数优化能力（最大查找数、边缘筛选、角度使能等）。

> ➤ 素质目标

1. 具备复杂场景下多目标检测的系统分析能力（遮挡处理、尺寸差异应对）。

2. 培养模型迭代优化的工程思维（基于测试结果调整训练策略）。

3. 强化跨平台工具链的协同开发能力（Vision Train 与 Vision Master 联动）。

4. 形成规范的技术文档编写习惯（参数配置记录、测试报告整理）。

16.3　相关知识

目标检测（object detection）的任务是找出图像中所有感兴趣的目标（物体），确定它们的类别和位置，是计算机视觉领域的核心问题之一。由于各类物体有不同的外观、形状和姿态，加上成像时光照、遮挡等因素的干扰，目标检测一直是计算机视觉领域最具有挑战性的问题。

目标检测技术凭借其强大的实用价值与广阔的应用前景（图 16-1），已在多个领域展现出显著成效。它广泛应用于人脸检测、行人及车辆识别，助力安防监控与交通管理；在卫星图像中精准检测道路，服务于地理信息分析与城市规划；通过车载摄像头识别障碍物，为自动驾驶提供安全保障；在医学影像中定位病灶，辅助医生实现精准诊断。此外，目标检测还深度渗透于长/短视频内容分析、医学影像处理、智能安防监控及自动驾驶系统等场景，持续推动技术创新与产业升级，成为现代科技发展的重要驱动力。

图 16‑1 目标检测技术的应用

基于深度学习的目标检测算法主要分为两类：Two stage（双阶段）算法和 One stage（单阶段）算法（图 16‑2）。Two stage 算法先通过区域生成（region proposal，RP）生成可能包含待检物体的预选框，再利用卷积神经网络对预选框内的样本进行特征提取、分类及定位回归，典型算法包括 R‑CNN、SPP‑Net、Fast R‑CNN、Faster R‑CNN 和 R‑FCN 等。而 One stage 算法则跳过区域生成步骤，直接在网络中提取特征并预测物体类别与位置，实现特征提取、分类和定位回归的端到端处理，常见算法有 OverFeat、YOLO 系列（YOLO v1 至 v3）及 SSD、RetinaNet 等。两类算法各有优势，适用于不同场景需求。

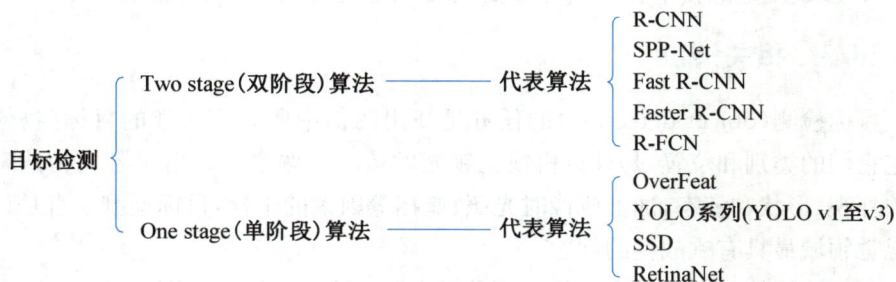

图 16‑2 目标检测算法分类

16.4 任务实施

1. 软件操作流程

DL 目标检测是利用神经网络提取图像中待测目标位置信息的方法。它将目标的定位和分类合二为一，具备准确性和实时性。尤其是在复杂场景中，可对多个目标进行实时处理，自动提取和识别目标。该模块适用于定位、计数、缺陷检测等场景。

本次任务识别的对象：多类型对象（图 16‑3）。

【微信扫码】
任务操作视频

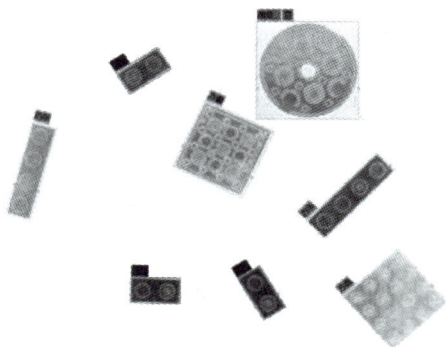

图 16－3　多类型对象

整体操作流程如图 16－4 所示。

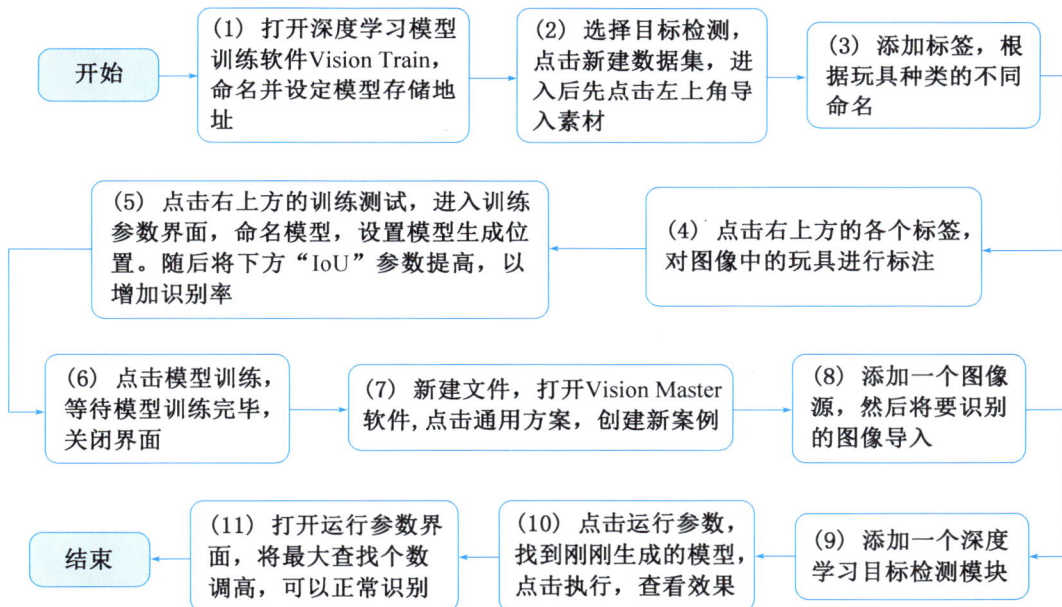

开始

（1）打开深度学习模型训练软件Vision Train，命名并设定模型存储地址

（2）选择目标检测，点击新建数据集，进入后先点击左上角导入素材

（3）添加标签，根据玩具种类的不同命名

（5）点击右上方的训练测试，进入训练参数界面，命名模型，设置模型生成位置。随后将下方"IoU"参数提高，以增加识别率

（4）点击右上方的各个标签，对图像中的玩具进行标注

（6）点击模型训练，等待模型训练完毕，关闭界面

（7）新建文件，打开Vision Master软件，点击通用方案，创建新案例

（8）添加一个图像源，然后将要识别的图像导入

（11）打开运行参数界面，将最大查找个数调高，可以正常识别

结束

（10）点击运行参数，找到刚刚生成的模型，点击执行，查看效果

（9）添加一个深度学习目标检测模块

图 16－4　整体操作流程

2. 任务思考：机器视觉开启智能检测新时代

在智能制造浪潮下，机器视觉与深度学习技术正深刻变革传统质检模式。传统人工检测依赖经验判断，效率低且难以应对微小缺陷和复杂场景，而基于深度学习的目标检测技术通过 YOLO、Faster R-CNN 等算法，实现了多目标实时定位与分类，将检测速度提升至单帧 0.3 s 内，准确率突破 95%。无论是产品划痕、装配错位还是异物残留，系统均能精准识别并自动记录，大幅降低漏检率与人力成本。

这一技术突破不仅推动了生产流程的智能化升级,更成为工业质量管控的可靠保障。未来将持续优化算法性能,深化 AI 与工业场景的融合,以技术创新驱动制造业迈向高效、精准、智能的新纪元。

3. 实操作业

（1）作业说明

请扫码下载图源文件,利用任务中掌握的目标检测操作方法,对图源中的各种不同零件进行自动化检测分类。

【微信扫码】
实操作业图源

（2）作业要求

多次测量识别准确率＞95％,对不同尺寸不同角度零件有一定应用鲁棒性,输出工程文档,做好操作记录,对失败案例进行分析并提出改进方案。

项目 7　机器视觉系统综合应用

任务 17　光伏电池片隐裂检测

17.1　任务工单

工单编号	
提交日期	年　　月　　日
提交部门	新能源质检部
紧急程度	□高　□中　□低
任务名称	光伏电池片隐裂检测系统开发
任务背景	光伏电池片生产过程中,隐裂(微裂纹、边缘碎裂等)是影响组件性能的主要缺陷之一。传统人工检测效率低且易漏检,需通过机器视觉技术实现自动化高精度检测,确保电池片质量符合行业标准
核心功能	1. 检测光伏电池片的隐裂类型(微裂纹、边缘碎裂、内部断裂) 2. 输出缺陷位置及分类结果(支持概率图与热力图可视化) 3. 生成检测报告(含缺陷分布统计与图像标注)
性能指标	1. 隐裂检测准确率≥92%(标准光照条件下) 2. 单电池片处理时间≤0.4 s(尺寸 156 mm×156 mm) 3. 支持最小裂纹宽度检测(0.05 mm)
硬件配置	相机:MV-CA050-10GM(500 万像素黑白全局快门) 镜头:MVL-KF2528M-12MP(25 mm 焦距,1 200 万像素) 光源:MV-LBES-200-200-W(同轴 LED,亮度可调) 工作距离:300～500 mm

(续表)

软件流程	1. Vision Master 配置：新建案例，设置高分辨率图像源（500 万像素）；定义 ROI 区域（电池片边缘自动裁剪） 2. 图像预处理：使用高斯滤波降噪，增强裂纹对比度；可选偏振光补偿（针对反光电池片） 3. 深度学习检测：加载 Vision Train 训练的 DL 分割模型（.vmod 格式）；启用 DL 图像分割 G 模块，设置参数（输入分辨率：2 448×204；输出类型：缺陷类别＋位置坐标） 4. 结果输出：生成缺陷热力图（如缺陷类型：［微裂纹］，位置：［$x=45,y=120$］，长度：2.3 mm，置信度：94％）；导出 Excel 报告（含批次号、缺陷数量、位置分布）
交付要求	1. 工程文件：Vision Master 项目（.vmproj）及训练模型（.vmod） 2. 测试报告：30 组样本检测结果（含正常、异常对比图） 3. 操作手册：包含光源调节、模型加载、参数优化指南
任务计划	硬件系统搭建与光学校准（D1—D3）→样本数据采集与标注（隐裂样本≥100 张）（D4—D7）→Vision Train 模型训练与验证（D8—D12）→Vision Master 流程开发与联调（D13—D15）→系统测试与文档交付（D16—D18）
注意事项	1. 反光处理：电池片表面高反光，需通过同轴光源和偏振镜抑制干扰 2. 数据均衡：训练集需包含不同光照条件下的隐裂样本（如强光、弱光场景） 3. 边缘检测：启用 ROI 的"边缘缓冲"功能（避免切割误判）

17.2 任务学习目标

➤ 知识目标

1. 掌握光伏电池片隐裂检测的机器视觉实现方法。

2. 掌握 Vision Master 中 DL 图像分割模型的应用、Box 融合算法的配置及脚本工具的开发方法。

3. 理解缺陷检测中图像分割与实例分割的区别及适用场景。

➤ 技能目标

1. 能根据光伏电池片检测需求，完成相机、光源、镜头等硬件选型与系统搭建。

2. 能基于 Vision Master 完成 DL 图像分割模型部署、Blob 标签分析、多模块数据融合及脚本逻辑开发。

3. 能通过几何创建模块实现缺陷区域可视化标注。

4. 能使用 Box 融合模块进行多缺陷区域的合并与优先级管理。

➤ 素质目标

1. 能够独立分析解决光伏电池片隐裂检测中的算法优化问题。

2. 具备复杂机器视觉系统的调试能力和多模块协同开发经验。

3. 养成工业检测项目中严谨的数据标注与模型训练规范意识。

4. 具备快速学习新型工业相机接口及深度学习框架的能力。

17.3　相关知识

图像分割(image segmentation)是计算机视觉中的关键技术,旨在将数字图像划分为若干个具有相似属性(如颜色、纹理、亮度或语义类别)的互不重叠的区域,从而实现对图像内容的精细化理解和目标提取。

归一化割(normalized cut)是一种图分割算法,用于将图划分为若干子集,同时避免最小分割(min-cut)的偏差问题(图 17-1)。其核心思想是通过归一化割值来平衡子集内紧密性和子集间分离性。具体公式为

$$N = \frac{C}{v_A} + \frac{C}{v_B}$$

其中,C 表示子集 A 和 B 之间的边权重和,v_A 表示子集 A 中所有顶点的度之和,v_B 表示子集 B 中所有顶点的度之和。该算法不仅最小化子集间的连接强度(C),还最大化子集内的连接强度(v),从而实现更合理的分割。该算法适用于图像分割、社交网络分析等场景。

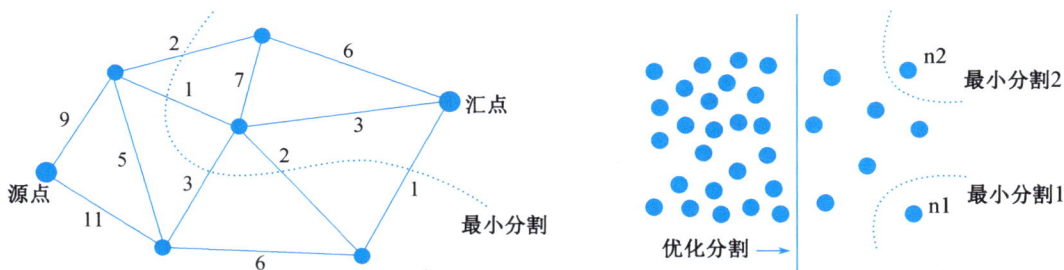

图 17-1　归一化割(normalized cut)

17.4　任务实施

1. 软件操作流程

本次任务识别的对象如图 17-2 所示。

【微信扫码】
任务操作视频

图 17‑2　光伏电池材料表面

整体操作流程如图 17‑3 所示。

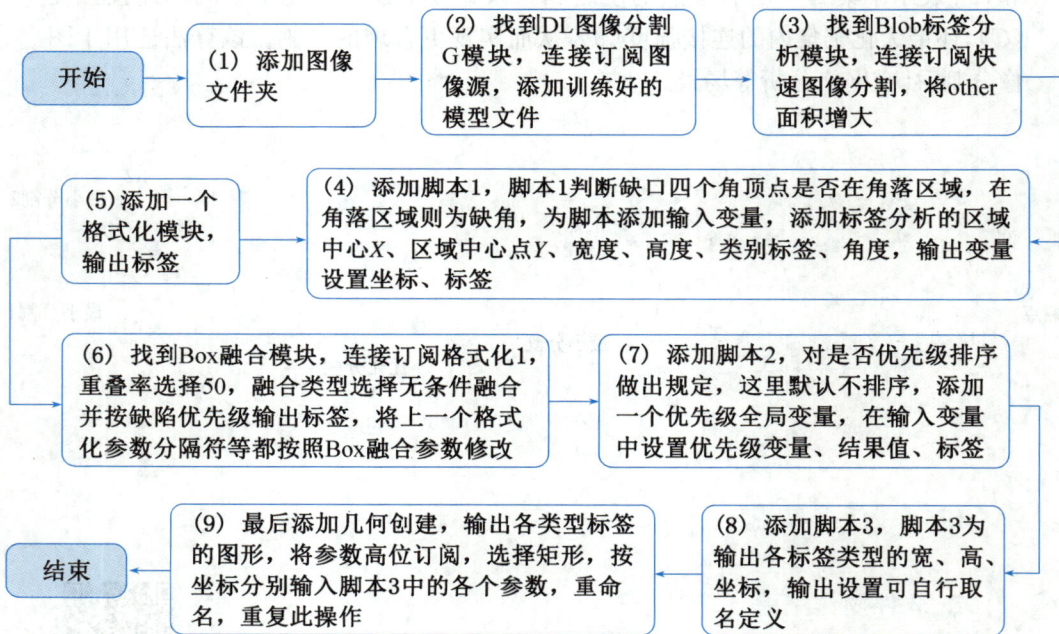

图 17‑3　整体操作流程

2. 任务思考:智能视觉赋能光伏质控新纪元

"双碳"目标驱动下,光伏产业正迎来爆发式增长,而电池片隐裂检测成为保障组件效能的关键环节。在光伏电池片隐裂检测领域,技术人员的专业素养直接决定着产品质量的底线。每一次参数调整、每一轮模型迭代,都凝聚着工程师对完美品质的执着追求。在智能制造时代,个人的技术深度与职业态度同样重要——前者决定解决方案的上限,后者保障产品质量的下限。让我们继续以技术创新为矛,以工匠精神为盾,共同推动光伏行业向更高效、更可靠的方向发展。

3. 实操作业

（1）作业说明

请扫码下载图源文件,利用任务中掌握的光伏电池片隐裂检测操作方法,对图源中的各类材料表面裂痕进行检测。

【微信扫码】
实操作业图源

（2）作业要求

多次测量识别准确率＞95％,对材料外观反光区域有一定抗干扰能力,输出工程文档,做好操作记录,对失败案例进行分析并提出改进方案。

参考文献

[1] 刘劲松,臧雪颖,陈大勇,等.基于机器视觉的铜管锯齿伤智能识别与软件实现 [J].精密成形工程,2025,17(2):130 – 140.

[2] 徐哲壮,黄平,陈丹,等.融合机器视觉与邻近度估计的相似工业设备识别策略 研究[J].仪器仪表学报,2023,44(1):283 – 290.

[3] 李旭东.基于 AGV 的紧固件视觉检测及分拣入库[D].杭州:浙江科技学 院,2023.

[4] 何敏军,张晓玲,张稀柳,等.基于双目立体视觉的平面工件识别和定位研究 [J].激光杂志,2023,44(7):199 – 204.

[5] 曾毅.复杂环境下机器人视觉的目标识别研究[J].电脑迷,2023(4):4 – 6.

[6] 黄亮,郝颖明.不均匀光照下的合作目标图像分割方法[J].计算机应用,2024, 44(S01):229 – 234.

[7] RAJ R, KOS A. An extensive study of convolutional neural networks: applications in computer vision for improved robotics perceptions [J]. Sensors, 2025, 25(4): 1033 – 1051.

[8] DABAS A, NARWAL E. YOLO evolution: a comprehensive review and bibliometric analysis of object detection advancements [J]. International Journal of Signal and Imaging Systems Engineering, 2024, 13(3): 133 – 156.

[9] 陈兵旗.机器视觉技术[M].北京:化学工业出版社,2018.

[10] 张宝胜,周聪玲,王永强.基于机器视觉的透明包装袋真空封口纹理缺陷检测 方法[J].食品与机械,2023,39(7):111 – 118.

[11] 张炳星,高军伟,王建冲,等.基于机器视觉的圆形垫圈尺寸测量系统设计 [J].工具技术,2023,57(7):141 – 145.

任务 1　任务记录

➢ 任务名称：＿＿＿＿＿＿＿＿＿＿＿＿＿＿＿＿＿＿＿＿＿＿

➢ 硬件选型：＿＿＿＿＿＿＿＿＿＿＿＿＿＿＿＿＿＿＿＿＿＿

➢ 操作对象：＿＿＿＿＿＿＿＿＿＿＿＿＿＿＿＿＿＿＿＿＿＿

➢ 操作流程：＿＿＿＿＿＿＿＿＿＿＿＿＿＿＿＿＿＿＿＿＿＿

＿＿＿＿＿＿＿＿＿＿＿＿＿＿＿＿＿＿＿＿＿＿＿＿＿＿＿＿＿＿

＿＿＿＿＿＿＿＿＿＿＿＿＿＿＿＿＿＿＿＿＿＿＿＿＿＿＿＿＿＿

＿＿＿＿＿＿＿＿＿＿＿＿＿＿＿＿＿＿＿＿＿＿＿＿＿＿＿＿＿＿

＿＿＿＿＿＿＿＿＿＿＿＿＿＿＿＿＿＿＿＿＿＿＿＿＿＿＿＿＿＿

＿＿＿＿＿＿＿＿＿＿＿＿＿＿＿＿＿＿＿＿＿＿＿＿＿＿＿＿＿＿

＿＿＿＿＿＿＿＿＿＿＿＿＿＿＿＿＿＿＿＿＿＿＿＿＿＿＿＿＿＿

➢ 结果记录：＿＿＿＿＿＿＿＿＿＿＿＿＿＿＿＿＿＿＿＿＿＿

＿＿＿＿＿＿＿＿＿＿＿＿＿＿＿＿＿＿＿＿＿＿＿＿＿＿＿＿＿＿

＿＿＿＿＿＿＿＿＿＿＿＿＿＿＿＿＿＿＿＿＿＿＿＿＿＿＿＿＿＿

＿＿＿＿＿＿＿＿＿＿＿＿＿＿＿＿＿＿＿＿＿＿＿＿＿＿＿＿＿＿

➢ 任务反思：＿＿＿＿＿＿＿＿＿＿＿＿＿＿＿＿＿＿＿＿＿＿

＿＿＿＿＿＿＿＿＿＿＿＿＿＿＿＿＿＿＿＿＿＿＿＿＿＿＿＿＿＿

＿＿＿＿＿＿＿＿＿＿＿＿＿＿＿＿＿＿＿＿＿＿＿＿＿＿＿＿＿＿

任务 2　任务记录

➤ 任务名称：＿＿＿＿＿＿＿＿＿＿＿＿＿＿＿＿＿＿＿＿＿＿＿

➤ 硬件选型：＿＿＿＿＿＿＿＿＿＿＿＿＿＿＿＿＿＿＿＿＿＿＿

➤ 操作对象：＿＿＿＿＿＿＿＿＿＿＿＿＿＿＿＿＿＿＿＿＿＿＿

➤ 操作流程：＿＿＿＿＿＿＿＿＿＿＿＿＿＿＿＿＿＿＿＿＿＿＿

＿＿＿＿＿＿＿＿＿＿＿＿＿＿＿＿＿＿＿＿＿＿＿＿＿＿＿＿＿＿

＿＿＿＿＿＿＿＿＿＿＿＿＿＿＿＿＿＿＿＿＿＿＿＿＿＿＿＿＿＿

＿＿＿＿＿＿＿＿＿＿＿＿＿＿＿＿＿＿＿＿＿＿＿＿＿＿＿＿＿＿

＿＿＿＿＿＿＿＿＿＿＿＿＿＿＿＿＿＿＿＿＿＿＿＿＿＿＿＿＿＿

＿＿＿＿＿＿＿＿＿＿＿＿＿＿＿＿＿＿＿＿＿＿＿＿＿＿＿＿＿＿

➤ 结果记录：＿＿＿＿＿＿＿＿＿＿＿＿＿＿＿＿＿＿＿＿＿＿＿

＿＿＿＿＿＿＿＿＿＿＿＿＿＿＿＿＿＿＿＿＿＿＿＿＿＿＿＿＿＿

＿＿＿＿＿＿＿＿＿＿＿＿＿＿＿＿＿＿＿＿＿＿＿＿＿＿＿＿＿＿

＿＿＿＿＿＿＿＿＿＿＿＿＿＿＿＿＿＿＿＿＿＿＿＿＿＿＿＿＿＿

➤ 任务反思：＿＿＿＿＿＿＿＿＿＿＿＿＿＿＿＿＿＿＿＿＿＿＿

＿＿＿＿＿＿＿＿＿＿＿＿＿＿＿＿＿＿＿＿＿＿＿＿＿＿＿＿＿＿

＿＿＿＿＿＿＿＿＿＿＿＿＿＿＿＿＿＿＿＿＿＿＿＿＿＿＿＿＿＿

＿＿＿＿＿＿＿＿＿＿＿＿＿＿＿＿＿＿＿＿＿＿＿＿＿＿＿＿＿＿

任务 3　任务记录

➢ 任务名称：＿＿＿＿＿＿＿＿＿＿＿＿＿＿＿＿＿＿＿＿＿＿＿

➢ 硬件选型：＿＿＿＿＿＿＿＿＿＿＿＿＿＿＿＿＿＿＿＿＿＿＿

➢ 操作对象：＿＿＿＿＿＿＿＿＿＿＿＿＿＿＿＿＿＿＿＿＿＿＿

➢ 操作流程：＿＿＿＿＿＿＿＿＿＿＿＿＿＿＿＿＿＿＿＿＿＿＿

＿＿＿＿＿＿＿＿＿＿＿＿＿＿＿＿＿＿＿＿＿＿＿＿＿＿＿＿＿＿

＿＿＿＿＿＿＿＿＿＿＿＿＿＿＿＿＿＿＿＿＿＿＿＿＿＿＿＿＿＿

＿＿＿＿＿＿＿＿＿＿＿＿＿＿＿＿＿＿＿＿＿＿＿＿＿＿＿＿＿＿

＿＿＿＿＿＿＿＿＿＿＿＿＿＿＿＿＿＿＿＿＿＿＿＿＿＿＿＿＿＿

＿＿＿＿＿＿＿＿＿＿＿＿＿＿＿＿＿＿＿＿＿＿＿＿＿＿＿＿＿＿

＿＿＿＿＿＿＿＿＿＿＿＿＿＿＿＿＿＿＿＿＿＿＿＿＿＿＿＿＿＿

➢ 结果记录：＿＿＿＿＿＿＿＿＿＿＿＿＿＿＿＿＿＿＿＿＿＿＿

＿＿＿＿＿＿＿＿＿＿＿＿＿＿＿＿＿＿＿＿＿＿＿＿＿＿＿＿＿＿

＿＿＿＿＿＿＿＿＿＿＿＿＿＿＿＿＿＿＿＿＿＿＿＿＿＿＿＿＿＿

＿＿＿＿＿＿＿＿＿＿＿＿＿＿＿＿＿＿＿＿＿＿＿＿＿＿＿＿＿＿

➢ 任务反思：＿＿＿＿＿＿＿＿＿＿＿＿＿＿＿＿＿＿＿＿＿＿＿

＿＿＿＿＿＿＿＿＿＿＿＿＿＿＿＿＿＿＿＿＿＿＿＿＿＿＿＿＿＿

＿＿＿＿＿＿＿＿＿＿＿＿＿＿＿＿＿＿＿＿＿＿＿＿＿＿＿＿＿＿

任务 4　任务记录

➤ 任务名称：_____

➤ 硬件选型：_____

➤ 操作对象：_____

➤ 操作流程：_____

_____

_____

_____

_____

_____

_____

➤ 结果记录：_____

_____

_____

_____

➤ 任务反思：_____

_____

_____

_____

任务5　任务记录

➤ 任务名称：＿＿＿＿＿＿＿＿＿＿＿＿＿＿＿＿＿＿＿＿＿

➤ 硬件选型：＿＿＿＿＿＿＿＿＿＿＿＿＿＿＿＿＿＿＿＿＿

➤ 操作对象：＿＿＿＿＿＿＿＿＿＿＿＿＿＿＿＿＿＿＿＿＿

➤ 操作流程：＿＿＿＿＿＿＿＿＿＿＿＿＿＿＿＿＿＿＿＿＿

＿＿＿＿＿＿＿＿＿＿＿＿＿＿＿＿＿＿＿＿＿＿＿＿＿＿＿＿

＿＿＿＿＿＿＿＿＿＿＿＿＿＿＿＿＿＿＿＿＿＿＿＿＿＿＿＿

＿＿＿＿＿＿＿＿＿＿＿＿＿＿＿＿＿＿＿＿＿＿＿＿＿＿＿＿

＿＿＿＿＿＿＿＿＿＿＿＿＿＿＿＿＿＿＿＿＿＿＿＿＿＿＿＿

＿＿＿＿＿＿＿＿＿＿＿＿＿＿＿＿＿＿＿＿＿＿＿＿＿＿＿＿

＿＿＿＿＿＿＿＿＿＿＿＿＿＿＿＿＿＿＿＿＿＿＿＿＿＿＿＿

＿＿＿＿＿＿＿＿＿＿＿＿＿＿＿＿＿＿＿＿＿＿＿＿＿＿＿＿

➤ 结果记录：＿＿＿＿＿＿＿＿＿＿＿＿＿＿＿＿＿＿＿＿＿

＿＿＿＿＿＿＿＿＿＿＿＿＿＿＿＿＿＿＿＿＿＿＿＿＿＿＿＿

＿＿＿＿＿＿＿＿＿＿＿＿＿＿＿＿＿＿＿＿＿＿＿＿＿＿＿＿

＿＿＿＿＿＿＿＿＿＿＿＿＿＿＿＿＿＿＿＿＿＿＿＿＿＿＿＿

➤ 任务反思：＿＿＿＿＿＿＿＿＿＿＿＿＿＿＿＿＿＿＿＿＿

＿＿＿＿＿＿＿＿＿＿＿＿＿＿＿＿＿＿＿＿＿＿＿＿＿＿＿＿

＿＿＿＿＿＿＿＿＿＿＿＿＿＿＿＿＿＿＿＿＿＿＿＿＿＿＿＿

＿＿＿＿＿＿＿＿＿＿＿＿＿＿＿＿＿＿＿＿＿＿＿＿＿＿＿＿

任务 6　任务记录

➢ 任务名称：＿＿＿＿＿＿＿＿＿＿＿＿＿＿＿＿＿＿＿＿＿＿＿

➢ 硬件选型：＿＿＿＿＿＿＿＿＿＿＿＿＿＿＿＿＿＿＿＿＿＿＿

➢ 操作对象：＿＿＿＿＿＿＿＿＿＿＿＿＿＿＿＿＿＿＿＿＿＿＿

➢ 操作流程：＿＿＿＿＿＿＿＿＿＿＿＿＿＿＿＿＿＿＿＿＿＿＿

＿＿＿＿＿＿＿＿＿＿＿＿＿＿＿＿＿＿＿＿＿＿＿＿＿＿＿＿＿

＿＿＿＿＿＿＿＿＿＿＿＿＿＿＿＿＿＿＿＿＿＿＿＿＿＿＿＿＿

＿＿＿＿＿＿＿＿＿＿＿＿＿＿＿＿＿＿＿＿＿＿＿＿＿＿＿＿＿

＿＿＿＿＿＿＿＿＿＿＿＿＿＿＿＿＿＿＿＿＿＿＿＿＿＿＿＿＿

＿＿＿＿＿＿＿＿＿＿＿＿＿＿＿＿＿＿＿＿＿＿＿＿＿＿＿＿＿

➢ 结果记录：＿＿＿＿＿＿＿＿＿＿＿＿＿＿＿＿＿＿＿＿＿＿＿

＿＿＿＿＿＿＿＿＿＿＿＿＿＿＿＿＿＿＿＿＿＿＿＿＿＿＿＿＿

＿＿＿＿＿＿＿＿＿＿＿＿＿＿＿＿＿＿＿＿＿＿＿＿＿＿＿＿＿

＿＿＿＿＿＿＿＿＿＿＿＿＿＿＿＿＿＿＿＿＿＿＿＿＿＿＿＿＿

➢ 任务反思：＿＿＿＿＿＿＿＿＿＿＿＿＿＿＿＿＿＿＿＿＿＿＿

＿＿＿＿＿＿＿＿＿＿＿＿＿＿＿＿＿＿＿＿＿＿＿＿＿＿＿＿＿

＿＿＿＿＿＿＿＿＿＿＿＿＿＿＿＿＿＿＿＿＿＿＿＿＿＿＿＿＿

任务 7   任务记录

➢ 任务名称：_____

➢ 硬件选型：_____

➢ 操作对象：_____

➢ 操作流程：_____

_____

_____

_____

_____

_____

_____

_____

➢ 结果记录：_____

_____

_____

_____

_____

➢ 任务反思：_____

_____

_____

_____

任务 8　任务记录

➤ 任务名称：＿＿＿＿＿＿＿＿＿＿＿＿＿＿＿＿＿＿＿＿＿＿＿＿＿

➤ 硬件选型：＿＿＿＿＿＿＿＿＿＿＿＿＿＿＿＿＿＿＿＿＿＿＿＿＿

➤ 操作对象：＿＿＿＿＿＿＿＿＿＿＿＿＿＿＿＿＿＿＿＿＿＿＿＿＿

➤ 操作流程：＿＿＿＿＿＿＿＿＿＿＿＿＿＿＿＿＿＿＿＿＿＿＿＿＿

＿＿＿＿＿＿＿＿＿＿＿＿＿＿＿＿＿＿＿＿＿＿＿＿＿＿＿＿＿＿＿＿

＿＿＿＿＿＿＿＿＿＿＿＿＿＿＿＿＿＿＿＿＿＿＿＿＿＿＿＿＿＿＿＿

＿＿＿＿＿＿＿＿＿＿＿＿＿＿＿＿＿＿＿＿＿＿＿＿＿＿＿＿＿＿＿＿

＿＿＿＿＿＿＿＿＿＿＿＿＿＿＿＿＿＿＿＿＿＿＿＿＿＿＿＿＿＿＿＿

＿＿＿＿＿＿＿＿＿＿＿＿＿＿＿＿＿＿＿＿＿＿＿＿＿＿＿＿＿＿＿＿

＿＿＿＿＿＿＿＿＿＿＿＿＿＿＿＿＿＿＿＿＿＿＿＿＿＿＿＿＿＿＿＿

➤ 结果记录：＿＿＿＿＿＿＿＿＿＿＿＿＿＿＿＿＿＿＿＿＿＿＿＿＿

＿＿＿＿＿＿＿＿＿＿＿＿＿＿＿＿＿＿＿＿＿＿＿＿＿＿＿＿＿＿＿＿

＿＿＿＿＿＿＿＿＿＿＿＿＿＿＿＿＿＿＿＿＿＿＿＿＿＿＿＿＿＿＿＿

＿＿＿＿＿＿＿＿＿＿＿＿＿＿＿＿＿＿＿＿＿＿＿＿＿＿＿＿＿＿＿＿

➤ 任务反思：＿＿＿＿＿＿＿＿＿＿＿＿＿＿＿＿＿＿＿＿＿＿＿＿＿

＿＿＿＿＿＿＿＿＿＿＿＿＿＿＿＿＿＿＿＿＿＿＿＿＿＿＿＿＿＿＿＿

＿＿＿＿＿＿＿＿＿＿＿＿＿＿＿＿＿＿＿＿＿＿＿＿＿＿＿＿＿＿＿＿

＿＿＿＿＿＿＿＿＿＿＿＿＿＿＿＿＿＿＿＿＿＿＿＿＿＿＿＿＿＿＿＿

任务 9　任务记录

➢ 任务名称：_____

➢ 硬件选型：_____

➢ 操作对象：_____

➢ 操作流程：_____

_____

_____

_____

_____

_____

_____

➢ 结果记录：_____

_____

_____

_____

➢ 任务反思：_____

_____

_____

_____

任务 10　任务记录

➢ 任务名称：_____

➢ 硬件选型：_____

➢ 操作对象：_____

➢ 操作流程：_____

_____

_____

_____

_____

_____

_____

➢ 结果记录：_____

_____

_____

_____

_____

➢ 任务反思：_____

_____

_____

_____

任务 11 任务记录

➢ 任务名称：_____

➢ 硬件选型：_____

➢ 操作对象：_____

➢ 操作流程：_____

_____

_____

_____

_____

_____

_____

_____

➢ 结果记录：_____

_____

_____

_____

_____

➢ 任务反思：_____

_____

_____

_____

任务 12　任务记录

➤ 任务名称：_____

➤ 硬件选型：_____

➤ 操作对象：_____

➤ 操作流程：_____

_____

_____

_____

_____

_____

_____

➤ 结果记录：_____

_____

_____

_____

_____

➤ 任务反思：_____

_____

_____

_____

任务 13   任务记录

➢ 任务名称：_____

➢ 硬件选型：_____

➢ 操作对象：_____

➢ 操作流程：_____

_____

_____

_____

_____

_____

_____

➢ 结果记录：_____

_____

_____

_____

➢ 任务反思：_____

_____

_____

_____

任务 14　任务记录

> 任务名称：＿＿＿＿＿＿＿＿＿＿＿＿＿＿＿＿＿＿＿＿＿＿＿

> 硬件选型：＿＿＿＿＿＿＿＿＿＿＿＿＿＿＿＿＿＿＿＿＿＿＿

> 操作对象：＿＿＿＿＿＿＿＿＿＿＿＿＿＿＿＿＿＿＿＿＿＿＿

> 操作流程：＿＿＿＿＿＿＿＿＿＿＿＿＿＿＿＿＿＿＿＿＿＿＿

＿＿＿＿＿＿＿＿＿＿＿＿＿＿＿＿＿＿＿＿＿＿＿＿＿＿＿＿＿＿＿

＿＿＿＿＿＿＿＿＿＿＿＿＿＿＿＿＿＿＿＿＿＿＿＿＿＿＿＿＿＿＿

＿＿＿＿＿＿＿＿＿＿＿＿＿＿＿＿＿＿＿＿＿＿＿＿＿＿＿＿＿＿＿

＿＿＿＿＿＿＿＿＿＿＿＿＿＿＿＿＿＿＿＿＿＿＿＿＿＿＿＿＿＿＿

＿＿＿＿＿＿＿＿＿＿＿＿＿＿＿＿＿＿＿＿＿＿＿＿＿＿＿＿＿＿＿

＿＿＿＿＿＿＿＿＿＿＿＿＿＿＿＿＿＿＿＿＿＿＿＿＿＿＿＿＿＿＿

> 结果记录：＿＿＿＿＿＿＿＿＿＿＿＿＿＿＿＿＿＿＿＿＿＿＿

＿＿＿＿＿＿＿＿＿＿＿＿＿＿＿＿＿＿＿＿＿＿＿＿＿＿＿＿＿＿＿

＿＿＿＿＿＿＿＿＿＿＿＿＿＿＿＿＿＿＿＿＿＿＿＿＿＿＿＿＿＿＿

＿＿＿＿＿＿＿＿＿＿＿＿＿＿＿＿＿＿＿＿＿＿＿＿＿＿＿＿＿＿＿

> 任务反思：＿＿＿＿＿＿＿＿＿＿＿＿＿＿＿＿＿＿＿＿＿＿＿

＿＿＿＿＿＿＿＿＿＿＿＿＿＿＿＿＿＿＿＿＿＿＿＿＿＿＿＿＿＿＿

＿＿＿＿＿＿＿＿＿＿＿＿＿＿＿＿＿＿＿＿＿＿＿＿＿＿＿＿＿＿＿

＿＿＿＿＿＿＿＿＿＿＿＿＿＿＿＿＿＿＿＿＿＿＿＿＿＿＿＿＿＿＿

任务 15   任务记录

➢ 任务名称：＿＿＿＿＿＿＿＿＿＿＿＿＿＿＿＿＿＿＿＿＿＿＿＿＿＿＿

➢ 硬件选型：＿＿＿＿＿＿＿＿＿＿＿＿＿＿＿＿＿＿＿＿＿＿＿＿＿＿＿

➢ 操作对象：＿＿＿＿＿＿＿＿＿＿＿＿＿＿＿＿＿＿＿＿＿＿＿＿＿＿＿

➢ 操作流程：＿＿＿＿＿＿＿＿＿＿＿＿＿＿＿＿＿＿＿＿＿＿＿＿＿＿＿

＿＿＿＿＿＿＿＿＿＿＿＿＿＿＿＿＿＿＿＿＿＿＿＿＿＿＿＿＿＿＿＿＿＿

＿＿＿＿＿＿＿＿＿＿＿＿＿＿＿＿＿＿＿＿＿＿＿＿＿＿＿＿＿＿＿＿＿＿

＿＿＿＿＿＿＿＿＿＿＿＿＿＿＿＿＿＿＿＿＿＿＿＿＿＿＿＿＿＿＿＿＿＿

＿＿＿＿＿＿＿＿＿＿＿＿＿＿＿＿＿＿＿＿＿＿＿＿＿＿＿＿＿＿＿＿＿＿

＿＿＿＿＿＿＿＿＿＿＿＿＿＿＿＿＿＿＿＿＿＿＿＿＿＿＿＿＿＿＿＿＿＿

＿＿＿＿＿＿＿＿＿＿＿＿＿＿＿＿＿＿＿＿＿＿＿＿＿＿＿＿＿＿＿＿＿＿

➢ 结果记录：＿＿＿＿＿＿＿＿＿＿＿＿＿＿＿＿＿＿＿＿＿＿＿＿＿＿＿

＿＿＿＿＿＿＿＿＿＿＿＿＿＿＿＿＿＿＿＿＿＿＿＿＿＿＿＿＿＿＿＿＿＿

＿＿＿＿＿＿＿＿＿＿＿＿＿＿＿＿＿＿＿＿＿＿＿＿＿＿＿＿＿＿＿＿＿＿

＿＿＿＿＿＿＿＿＿＿＿＿＿＿＿＿＿＿＿＿＿＿＿＿＿＿＿＿＿＿＿＿＿＿

➢ 任务反思：＿＿＿＿＿＿＿＿＿＿＿＿＿＿＿＿＿＿＿＿＿＿＿＿＿＿＿

＿＿＿＿＿＿＿＿＿＿＿＿＿＿＿＿＿＿＿＿＿＿＿＿＿＿＿＿＿＿＿＿＿＿

＿＿＿＿＿＿＿＿＿＿＿＿＿＿＿＿＿＿＿＿＿＿＿＿＿＿＿＿＿＿＿＿＿＿

任务 16　任务记录

➢ 任务名称：_____

➢ 硬件选型：_____

➢ 操作对象：_____

➢ 操作流程：_____

_____

_____

_____

_____

_____

_____

➢ 结果记录：_____

_____

_____

_____

➢ 任务反思：_____

_____

_____

_____

任务 17　任务记录

➢ 任务名称：_____

➢ 硬件选型：_____

➢ 操作对象：_____

➢ 操作流程：_____

_____

_____

_____

_____

_____

_____

➢ 结果记录：_____

_____

_____

_____

➢ 任务反思：_____

_____

_____

_____